最新 臨床検査学講座

物理学

嶋津秀昭

中島章夫

医歯薬出版株式会社

「最新臨床検査学講座」の刊行にあたって

　1958年に衛生検査技師法が制定され，その教育の場からの強い要望に応えて刊行されたのが「衛生検査技術講座」であります．その後，法改正およびカリキュラム改正などに伴い，「臨床検査講座」（1972），さらに「新編臨床検査講座」（1987），「新訂臨床検査講座」（1996）と，その内容とかたちを変えながら改訂・増刷を重ねてまいりました．

　2000年4月より，新しいカリキュラムのもとで，新しい臨床検査技師教育が行われることとなり，その眼目である"大綱化"によって，各学校での弾力的な運用が要求され，またそれが可能となりました．「基礎分野」「専門基礎分野」「専門分野」という教育内容とその目標とするところは，従前とかなり異なったものになりました．そこで弊社では，この機に「臨床検査学講座」を刊行することといたしました．臨床検査技師という医療職の重要性がますます高まるなかで，"技術"の修得とそれを応用する力の醸成，および"学"としての構築を目指して，教育内容に沿ったかたちで有機的な講義が行えるよう留意いたしました．

　その後，ガイドラインが改定されればその内容を取り込みながら版を重ねてまいりましたが，2013年に「国家試験出題基準平成27年版」が発表されたことにあわせて紙面を刷新した「最新臨床検査学講座」を刊行することといたしました．新シリーズ刊行にあたりましては，臨床検査学および臨床検査技師教育に造詣の深い山藤　賢先生，高木　康先生，奈良信雄先生，三村邦裕先生，和田隆志先生を編集顧問に迎え，シリーズ全体の構想と編集方針の策定にご協力いただきました．各巻の編者，執筆者にはこれまでの「臨床検査学講座」の構成・内容を踏襲しつつ，最近の医学医療，臨床検査の進歩を取り入れることをお願いしました．

　本シリーズが国家試験出題の基本図書として，多くの学校で採用されてきました実績に鑑みまして，ガイドライン項目はかならず包含し，国家試験受験の知識を安心して習得できることを企図しました．国家試験に必要な知識は本文に，プラスアルファの内容は側注で紹介しています．また，読者の方々に理解されやすい，より使いやすい，より見やすい教科書となるような紙面構成を目指しました．本「最新臨床検査学講座」により臨床検査技師として習得しておくべき知識を，確実に，効率的に獲得することに寄与できましたら本シリーズの目的が達せられたと考えます．

　各巻テキストにつきまして，多くの方がたからのご意見，ご叱正を賜れば幸甚に存じます．

2015年春

医歯薬出版株式会社

序

　物理学は，理科系の基礎領域にある学問体系として多くの分野で重要な意味をもっているが，臨床検査技師教育においてもその重要性に変わりはない．物理学は単に科学技術の基本としての役割をもつばかりでなく，生命現象にかかわるさまざまな現象や法則の裏づけとしても理解しておくべき内容がたくさんある．

　しかし一方で，高等教育における物理離れ現象は避けがたく，臨床検査技師を目指す学生の大多数が，高等学校で物理学をしっかりと勉強しなかった者である現状となっている．入学試験などでも物理学は必須科目からはずされていることが多く，このことも物理を苦手とする学生の急増を許してきた原因にもなっている．

　本書はすでに「臨床検査学講座　物理学」として版を重ねてきた前版をもとに，内容を大きく検討し，教科の大綱化や国家試験の出題基準の改定などをふまえ，今回，新たに「最新臨床検査学講座　物理学」として上梓することとなった．前版は北村清吉先生を中心に5名の執筆者でまとめたが，「最新臨床検査学講座」が新しい臨床検査技師教育に合わせ，逐次新たな内容・執筆者で刷新してきたことに伴い，本書もこれまでの体系を抜本的に見直し，2名の物理学・医用工学の専門家で執筆を担当した．今回も前版に引き続き，記述すべき内容をできるだけ絞って，臨床検査に関係する物理学の領域をより簡潔かつ明確に示すことに留意し，他の「最新臨床検査学講座」に記載されている内容も考慮して目次・内容を大きく整理した．もちろん，物理学としての教育の目的が変更されたわけではなく，趣旨は「臨床検査領域における物理学を中心に講義する」ことにある．本書では関連する事項をできるだけていねいに解説し，覚えるだけでなくしっかりと理解できるように努め，各章末に基礎的な練習問題を数問用意して本文とリンクする解説の記述にも配慮した．また，適所に図を用いることで現象を視覚的に理解していただくとともに，側注などを利用して本文や式の理解を深められる構成とした．

　物理学は学ぶべき内容が多く，本書に取り上げた項目だけでも，それぞれについて正確に理解することは簡単ではない．著者らの意図に反して，読者にとって必ずしも簡単な教科書とはなっていないかもしれない．また，国家試験の科目にない物理学はそれほど重要な科目にみえないかもしれない．しかし，臨床検査に利用される機器の原理を理解したり，生命現象を科学的に理解するうえで，基本となる物理学は臨床検査を支える重要な科目ということができる．

　本書を通じて，さまざまな物理現象についての理解を深め，この知識を基本として臨床検査の各領域での勉強に役立ててほしい．また，指導にあたられる先生方には物理学を苦手にする学生をこれ以上増やすことのないよう，教科書の内容の不備や不十分な点を補っていただければ幸いである．

2022年早春

嶋津秀昭

中島章夫

●**執筆者**（50音順）

しまづ　ひであき
嶋津　秀昭　北陸大学教授（医療保健学部医療技術学科）

なかじま　あきお
中島　章夫　杏林大学教授（保健学部臨床工学科）

最新臨床検査学講座

物理学
CONTENTS

側注マークの見方　国家試験に必要な知識は本文に，プラスアルファの内容は側注で紹介しています.

用語解説　　関連事項　　トピックス

●執筆分担

第1～7章　　　嶋津秀昭　　　　　第8～10章　　　中島章夫

第1章 単位とディメンジョン

Ⅰ 単　位

　単位は量のもつ意味を表す概念であり，かつては各国でそれぞれ独自の単位を用いていたが，現在では基本的な物理的，化学的概念に対して国際的に標準化された国際単位系（Système International d'Unités：SI units）単位が定められている．

　SI単位では7つの基本単位，これらから組み立てられた組み立て単位が定められている．基本単位には固有の名称が与えられており，また組み立て単位でも使用頻度の高いものについては固有の名称が与えられている．

　基本単位には**表1-1**に示す7つがある．

Ⅱ 基本単位

1　長さの単位［メートル：m］

　メートルは長さの単位で，赤道から北極までの距離（子午線の長さ）の1/10,000,000として決められた．その後，クリプトン86（^{86}Kr）の放射の波長に基づく定義に改められたが，現在では精度を増すために，

メートルは1秒の1/299,792,458の時間に光が真空中を伝わる行程の長さである

と改められた．

　長さの単位は1889年に質量の単位とともに決定されたが，はじめに決められたときは実際に1mの長さをもつ白金とイリジウムの合金の原器を用意して，その正確な複製品が配布された．その後，劣化などのため廃止になり，以

表1-1　基本単位

物理量	SI単位の名称	SI単位の記号
長さ	メートル（metre）	m
質量	キログラム（kilogramme）	kg
時間	秒（second）	s
電流	アンペア（ampere）	A
熱力学温度	ケルビン（kelvin）	K
物質量	モル（mole）	mol
光度	カンデラ（candela）	cd

来，現時点で5回も改定されている．この間，波長による定義から光の速度を介した定義に変更されたが，現在の定義では長さが独立に表現されるのではなく，1秒という時間を使った表現に変更されている．このような変更があったが，1mの長さが変わったわけではない．

2 質量の単位［キログラム：kg］

　質量の単位キログラムは，元来4℃の水1,000 cm^{3}の質量として定められ，これに基づいてつくられたキログラム原器に等しい量と定義されていた．キログラム（kg）は単位にk（10^{3}を意味する）という接頭語を含む例外的な基本単位である．質量の原器による基準はつい最近まで使用されていたが，2018年に別の物理量であるプランク定数を基準とした定義に改定されている．

　従来のキログラム原器は，どんなに厳しく管理しても，表面の汚染などが原因で1/2,000 g程度の質量変動があるとされ，メートルと同様に原器を使わない定義が検討されてきた．

　アインシュタインによる有名な光子エネルギーに関する$E=h\nu$，および質量とエネルギーの関係$E=mc^2$の2つの式から，質量の1 kgをプランク定数hの倍数として定義することになった．この式自体は物理学の本質ではあるが，この教科書では主に古典物理学を中心に解説しているので，興味をもつ読者は現代物理学の解説を参照されたい．いずれにしてもこの改定によって，従来の原器によるものに比べはるかに高い精度で実測可能な定義に変更されたことになった．

3 時間の単位［秒：s］

　時間の単位は，平均太陽日を1日としてその半分の1/12を1時間，その1/60を1分，さらにその1/60を1秒としている．分のminutesはラテン語の「微小な」という意味をもつ．また，秒のsecondは「2番目」という意味である．

　時計が12で分けられていたり，1分や1秒がそれぞれ1時間，1分を60分割して決められているのは，12や60の約数の数が多いことに由来していると考えてよいだろう．古来，時間は分けて使うことが多いようで，1，2，3，4，6，12の約数をもつ12や，1，2，3，4，5，6，10，12，15，20，30，60の約数をもつ60はかなり使い勝手のよい数であるだろう．

　現在では，基本的な時間の単位である秒を高精度で定義するため，

秒はセシウム133（^{133}Cs）の原子の基底状態の2つの超微細準位の間の遷移に対応する放射の周期の6,162,631,770倍の継続時間である

と決められている．

4 電流の単位［アンペア：A］

　電流の単位アンペアは，従来，

真空中に1mの間隔で平行に置かれた，無限に小さい円形断面をもつ無限に

長い2本の直線上導体に電流を流したとき，それぞれの導体の長さ1mごとに，2×10⁻⁷N（ニュートン）の力を及ぼしあう一定の電流である

と定義されてきた．この定義から，電気的な量と力学的な量とが互いに関与していることがわかり，単位が物理学的な意味をもって互いに関連していることがよくわかる一例でもあった．しかし，この単位は電流の本質が十分に理解されていなかったときに定義されていたもので，現代における電気の概念では，電荷の移動を電気の流れ（電流）と考えるのが自然である．2018年に改定された電流の単位は，電荷の単位を定義して，そのうえでアンペアを定義している．1個の陽子や電子のもつ電荷を電気素量 e として，陽子は正，電子は負の大きさの等しい電気素量をもつ．このとき，e の値を 1.602176634×10⁻¹⁹ C とする．このように，電気の単位は電荷を C（クーロン）の単位で表すことから始めるように変更された．改定では，電荷を測定値ではなく，従来の定義と整合性をもつように決めた定義値としている．宇宙における物理学の根源的な定数をあらかじめ定義して，そこから必要な単位を導出するという考え方である．

　物理量としての電流とは，1秒間に移動した電荷量を意味するので，1 A＝1秒×1 C として，1秒間に電子（1/1.602176634）×10¹⁹個分の電荷移動量に相当する．

5 熱力学温度の単位［ケルビン：K］

　熱力学温度の単位は従来，水の3重点の熱力学的温度（0℃に相当する）の 1/273.16 と定められていた．このとき，0 K 以下の温度は存在しない．温度差についても同一の単位を用いるが，この場合，1℃の温度差＝1 K の温度差となる．0℃＝273.15 K と定義されている．

　水の3重点とは，同じ温度環境で気体・液体・固体（水蒸気・水・氷）の相が共存している点をいう．このように，従来の温度の単位は地球上で普遍的に存在する水を基本に定義されていたが，2018年の改定により物質に依存しない温度の定義に変更された．

　新しい熱力学温度の定義は，熱の本質がエネルギーであることを念頭に，

　ボルツマン定数 k の値を 1.380649×10⁻²³J/K とする

とされた．ここで，J（ジュール）はエネルギーの単位である．エネルギーについては第4章の解説を参照されたい．

　ボルツマン定数の正確な意味については，これも高度な物理学を理解しておくことが要求されるのでここでは説明を省略するが，たとえば，気体の熱力学温度を T とすると，ボルツマン定数によって気体のもつ平均的なエネルギー E は $E＝kT$ と表すことができる．1 K の温度に相当するエネルギーが 1.380649×10⁻²³J である．

6 物質量の単位［モル：mol］

　物質量の単位モルは相対原子質量の値として決められていた．従来は，

表 1-2　SI の改定に伴って新しい定義で用いられる基礎物理定数

基礎物理定数	値	定義された単位	記号
プランク定数 h	$6.62607015 \times 10^{-34}$ J・s	キログラム	kg
電気素量 e	$1.602176634 \times 10^{-19}$ C	アンペア	A
ボルツマン定数 k	1.380649×10^{-23} J・K^{-1}	ケルビン	K
アボガドロ定数 N_A	$6.02214076 \times 10^{23}$ mol^{-1}	モル	mol

0.012 kg の炭素（^{12}C）に存在する原子の数と等しい数の要素粒子を含む系の物質量である

と定められていたが，2018 年のキログラムの定義改定と同時に，モルの定義はアボガドロ定数に基づくものへと変更された．

　1 モルには，$6.02214076 \times 10^{23}$個の要素粒子が含まれる．この数は，アボガドロ定数を単位 mol^{-1}で表したときの数値であり，アボガドロ数とよばれる．

　もともと，アボガドロ定数は 1 モル中の物質に含まれる原子や分子の数として決められていたが，新たな単位系では逆にアボガドロ数の定義値をキログラムの新たな定義で述べたプランク定数の値を使って導出したものである．この結果，モルの定義は炭素という特定の元素とは独立した粒子の個数としての表現に変更された．

　モルを用いるときは，要素粒子が指定されていなければならないが，それは原子，分子，イオン，電子などの粒子や特定の複合体であってもよい．

7　光度の単位〔カンデラ：cd〕

　光度の単位カンデラは，キャンドル（蝋燭：ろうそく）から連想される光量の単位である．

　周波数 540×10^{12}Hz（波長 555 nm 相当）の単色光を放射する光源の放射強度が，1/683 W・sr^{-1}〔ワット/ステラジアン〕となる光の光度である

と決められている．ステラジアンは立体角を表す単位である．

　表 1-2 に SI による基礎物理定数を示す．

Ⅲ　組み立て単位

　組み立て単位は，乗法と除法（掛け算と割り算）の数学記号を用いて基本単位からつくられる代数的な表現で与えられる．表 1-3 に固有の名称をもつ代表的な組み立て単位（誘導単位）を示した．組み立て単位は基本単位の組み合わせでつくることができるので，固有の名称をもたない単位が多数存在する．

1　平面角〔ラジアン：rad〕および立体角〔ステラジアン：sr〕

　平面での角度を表すラジアンは円の一周に相当する角度を 2π とするもので，半径 1 の円の円周上の弧の長さに対応する中心角を意味する．また，ステ

表 1-3　組み立て単位（誘導単位）

物理量	SI単位の名称	SI単位の記号	SI単位の定義
周波数	ヘルツ（hertz）	Hz	s^{-1}
エネルギー	ジュール（joule）	J	$kg \cdot m^2 \cdot s^{-2} = N \cdot m$
力	ニュートン（newton）	N	$kg \cdot m \cdot s^{-2} = J \cdot m^{-1}$
仕事率	ワット（watt）	W	$kg \cdot m^2 \cdot s^{-3} = J \cdot s^{-1}$
圧力	パスカル（pascal）	Pa	$kg \cdot m^{-1} \cdot s^{-2} = N \cdot m^{-2} = J \cdot m^{-3}$
電荷	クーロン（coulomb）	C	$A \cdot s$
電位差	ボルト（volt）	V	$kg \cdot m^2 \cdot s^{-3} \cdot A^{-1} = J \cdot A^{-1} \cdot s^{-1}$
電気抵抗	オーム（ohm）	Ω	$kg \cdot m^2 \cdot s^{-3} \cdot A^{-2} = V \cdot A^{-1} = S^{-1}$
コンダクタンス	ジーメンス（siemens）	S	$kg^{-1} \cdot m^{-2} \cdot s^3 \cdot A^2 = \Omega^{-1}$
電気容量	ファラッド（farad）	F	$A^2 \cdot s^4 \cdot kg^{-1} \cdot m^{-2} = A \cdot s \cdot V^{-1}$
磁束	ウェーバー（weber）	Wb	$kg \cdot m^2 \cdot s^{-2} \cdot A^{-1} = V \cdot s$
インダクタンス	ヘンリ（henry）	H	$kg \cdot m^2 \cdot s^{-2} \cdot A^{-2} = V \cdot A^{-1} \cdot s$
磁束密度（磁気誘導）	テスラ（tesla）	T	$kg \cdot s^{-2} \cdot A^{-1} = V \cdot s \cdot m^{-2}$
光束	ルーメン（lumen）	lm	$cd \cdot sr$
照度	ルクス（lux）	lx	$m^{-2} \cdot cd \cdot sr$
放射能	ベクレル（becquerel）	Bq	s^{-1}
吸収線量	グレイ（gray）	Gy	$m^2 \cdot s^{-2}$

ラジアンは，球の表面上で球の半径と等しい辺をもつ正方形の面積と等しい面積を切り取る立体角である．

　ラジアンおよびステラジアンは，単位が1の無次元の組み立て単位である．

Ⅳ　無次元量の単位

　物理や化学で取り扱われる数値は，なんらかの単位をもっているが，このうち，単位が1となる量がある．たとえば，比を示す値の場合がこれに該当する．比はある量を基準となる同じ単位をもつ量で割った値となるので，比の単位は1となる．このような単位は，単位をもたないと考えることもできるが，通常1の単位をもつと解釈する．

Ⅴ　接頭語

　われわれが実用的に扱う物理量のなかには，SI単位の扱う大きさとかけ離れた大きさの量がある．SI単位の大きさに対してきわめて大きな量や小さな量を表す場合，SI単位に10の整数乗倍した倍数を 10^{-24}〜10^{24} まで20種類の接頭語が用意されている．接頭語は単位ではなく，単位に与えられた倍率と考えればよい．**表 1-4** はSIに規定される接頭語である．

Ⅵ　ディメンジョン

　それぞれの量の単位はSI単位のいずれかに属し，各種の量は一般に数値とSI

表 1-4 SI 接頭語（10^{-18}〜10^{18}まで）

大きさ	SI 接頭語	記号	大きさ	SI 接頭語	記号
10^{-1}	デシ（deci）	d	10	デカ（deca）	da
10^{-2}	センチ（centi）	c	10^2	ヘクト（hecto）	h
10^{-3}	ミリ（milli）	m	10^3	キロ（kilo）	k
10^{-6}	マイクロ（micro）	μ	10^6	メガ（mega）	M
10^{-9}	ナノ（nano）	n	10^9	ギガ（giga）	G
10^{-12}	ピコ（pico）	p	10^{12}	テラ（tera）	T
10^{-15}	フェムト（femto）	f	10^{15}	ペタ（peta）	P
10^{-18}	アット（atto）	a	10^{18}	エクサ（exsa）	E

単位との積で表される．しかし，同一の単位が異なった分野で用いられているので，いくつかの量が 1 つの SI 単位に対応することがある．

たとえば，電力 W は SI 組み立て単位で表現すれば，

$$1\,W = 1\,V \cdot A = 1\,J \cdot s^{-1}$$

となり，電気量 J は，

$$1\,J = 1\,W \cdot s = 1\,kg \cdot m^2 \cdot s^{-2}$$

となる．一方，力学的なエネルギーは［J］で表されるが，これも基本単位を組み合わせると $kg \cdot m^2 \cdot s^{-2}$ になる．このように，異なった概念で扱われる量の単位が等しいことがよくある．

異なった事象にみえても同一の単位が導き出される場合，基本的には同じ物理量をもつことがほとんどである．

たとえ SI 単位で表現されていなくても，物理的に等しい概念に属する量を比較することができる．この場合，長さや質量，時間などに固有の単位を与えず，単に L，M，T などと表現する．たとえば，力は質量と加速度の積で表されるので，力をディメンジョン（次元）で表現すると $M \cdot L \cdot T^{-2}$ となる．

このような方法で表すと，電気量やエネルギーは $M \cdot L^2 \cdot T^{-2}$ で表現できる．これは電気量のもつディメンジョンを示している．もし，SI 以外の単位で表現されている数値を SI 単位に換算する場合，あるいはその逆の場合は，このディメンジョンが一致することを確認して，必要な単位の変換を行えばよい．

単位は物理学の基本であり，一つの単位系（多くの場合 SI 単位系）を用いて，物理的概念にしたがってその関係を記述すれば，計算したい量を計算することができる．逆の言い方をすれば，物理的な関係が整理できていないと必要な結果が得られないことになる．その意味でも，単位がわかれば物理がわかる（数学的な意味での対偶は，物理がわからないと単位がわからない）という表現はあながち間違いではないといえるだろう．

練習問題 (解答は p.103)

1. 1 mm² を m² で表しなさい.

2. 1 kg を μg で表現しなさい.

3. 時速 72 km を秒速（m/s）で表しなさい.

4. 血液が 200 μm の肺胞毛細血管を 0.5 秒で通過するときの平均速度を SI 単位で表しなさい.

第2章 力のつりあい

Ⅰ 力の三要素

1 力の単位

　力は「物体の運動状態を変化させるもの」と定義されている．逆にいえば，物体が運動を変化させるときには力が働くことになる．質量の異なる物体に同じ力を作用させると，質量の大きな物体ほど動きにくい．物体の動きに変化が現れることを，物体に加速度が生じるという．加速度とは速度の変化であり，速度の変化が運動状態の変化として現れる．

　古典的な物理学では，力は物体の質量と加速度で表され，力を F，質量を M，加速度を α とすると，

　　$F = M \cdot \alpha$ ··(1)

となることが知られている．

　質量の単位を kg，加速度の単位を $m \cdot s^{-2}$ とすると，力の単位は $kg \cdot m \cdot s^{-2}$ となる．質量が 1 kg の物体を加速度 $1 m \cdot s^{-2}$ で動かすときの力は $1 kg \cdot m \cdot s^{-2}$ であり，これを 1 N（ニュートン）と表す．

　力が運動を引き起こすはずであるという定義に反して，壁や重い石を強く押しても動かないなどの現象が観察されることもあるが，後述するように，加えている力と拮抗するように働く力が存在することで説明することができる．

2 力の要素

　力には，次の3つの要素がある．

①力の大きさ

②力の方向

③力の作用する場所

　図2-1 は力の要素を示したもので，このように大きさと方向のある量をベクトルという．ベクトルの成分は大きさと方向であり，大きさのみを示すときは特にスカラーという．力以外にも，速度，加速度など物理量がベクトルで表される量にはいろいろある．力が物体に作用する場所を作用点という．

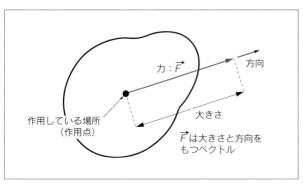

図 2-1 力の三要素

Ⅱ 力の種類

力はいろいろな方法でつくり出すことができる．押したり引いたりといった単純な力は概念的にもわかりやすいが，以下，特別な場合の力を説明する．

1 重 力

地球の質量によって，地上の物体が中心に引かれる力を重力という．重力は地球と物体との間に働く引力による力である．引力は物体どうしの引きあう力であるが，地上の物体は地球に比べ質量が十分小さいので，物体のほうが地球に引っ張られるようにみえる．重力によって生ずる加速度は $9.8\ \mathrm{m\cdot s^{-2}}$ であり，これを g で表す．物体に重力が働いているときの力を，われわれは重さとして感じる．重さ，すなわち重量は質量×g で与えられるが，一般には質量の単位である kg などが混用されている．初歩の物理学ではこのことがしばしば混乱の原因となるので，設定された条件をよく理解して，物体に重力が作用しているかどうかに注意して考えることが大切である．重さ（あるいは力：f）であることを正しく表現するときは，kgf（kg重）と表記する．

2 バネの力

バネは，力を加えると伸びたり縮んだりする．このとき，バネの伸びや縮みは加えた力に対して比例する．この比例係数をバネ定数という．

バネを力 F の大きさで引っ張ったときにバネが x だけ伸びたとする．バネ定数を k とすると，

$$F = k \cdot x \tag{2}$$

となる．このとき，力はつりあっている．バネを引っ張るために与えた力とバネが伸びることによってバネに蓄えられた力は，同じ大きさで互いに逆の方向に働いている．この状態で，変形しているバネでは力はバネのなかに蓄えられた状態となっているので，つりあいに必要な外部から加えた力を取り除くと，

バネの力を外部に取り出すことができる.

3 摩擦力，抵抗力

　物を机の上で滑らせたりすると，物の種類によって動きやすい物や動きにくい物があることに気がつく．物体同士が接触している状態では，接触面で運動に関係する要素が存在する．これは，物体と机の表面との間に摩擦力が働くからである．摩擦力の成因はそれほど簡単ではなく，正確には物体と机の表面との間のミクロな構造まで調べなくては説明できない．しかし，どのような場合でも摩擦力は物体の動きを妨げるような方向で発生するので，接触面で物体の動きを阻害するような現象が起こっていることを意味する．この現象は固体としての物体に限らず，物体が気体や液体のような流体でも摩擦力を考えることができるが，流体ではこのことを抵抗力という．

　物体を動かすためには，摩擦力より大きな力が必要になる．特に，静止している物体を摩擦に抗して動かすには，静止状態で最大となる摩擦力より大きな力が必要となる．最大静止摩擦力は接触面への垂直な力に比例すると考えてよい．この垂直な力を N とすると，最大静止摩擦力 F は，

$$F = \mu \cdot N \,(\mu：摩擦係数) \quad\cdots\cdots\cdots\cdots\cdots\cdots\cdots\cdots\cdots\cdots\cdots\cdots(3)$$

となる．平面上に置かれた質量 M の物体は，重力加速度 g によって下方向に $M \cdot g$ の力が作用しているので，平面上に置かれた物体の最大静止摩擦力は，

$$F = \mu \cdot M \cdot g \quad\cdots\cdots\cdots\cdots\cdots\cdots\cdots\cdots\cdots\cdots\cdots\cdots\cdots\cdots(4)$$

と置き換えることができる．

　摩擦係数が大きいと抵抗力が増すので，滑りにくくなる．静止状態での摩擦係数を静止摩擦係数といい，一般に，動きはじめてからの摩擦係数（動摩擦係数）より大きい．

4 作用・反作用

　物体に力を加えても物体が動き出さないことはいくらでもある．外部から一方向の力を与えたにもかかわらず，逆向きの，全く同じ大きさの力が発生して

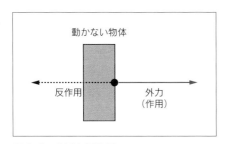

図 2-2　作用と反作用

つりあったためである．このとき，はじめに与えた力を作用といい，これによって生ずる逆向きの力を反作用という．作用と反作用は大きさが等しく逆向きの力である（**図 2-2**）．

Ⅲ 力のつりあい

1 力の合成

物体に力が作用するとき，物体に変形が生じないことにすると力の作用を単純化することができる．このように，力を受けても変形しない理想的な物体を剛体という．

力はベクトルで表現できるので，複数の力の作用をベクトルとして合成することができる．ベクトルの合成は，**図 2-3a** のように平行四辺形の法則で行う．1 点に 2 つの力が作用した場合，それぞれの力を $\vec{F_1}$，$\vec{F_2}$ として合成すると，1 つの合力 $\vec{F_3}$ が得られる．

この考え方を逆にして，1 つの力を複数の力に分解することもできる．この場合，組み合わせは無限にある．このうち，1 つの力を直交する 2 つの力に分離することがよく行われる．この分離は，力を具体的な仕事に対して有効に働く方向とそうでない方向に分けて考えるときに便利である．

2 力のつりあい

1 点に働く力の総和が 0 になったとき，力がつりあっているという．2 つの力 $\vec{F_1}$，$\vec{F_2}$ の場合，

$$\vec{F_1}+\vec{F_2}=0$$

で表す．

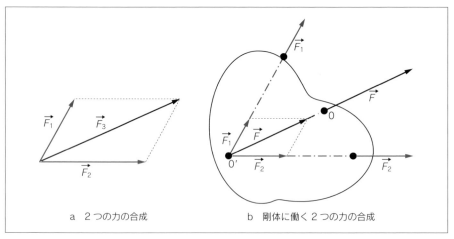

a 2 つの力の合成　　b 剛体に働く 2 つの力の合成

図 2-3　力の合成

作用点が違う位置にある場合の合成に際しては，力を働く方向の適当な位置に移動して考える．力は作用線上の任意の点に移動してもその作用は変わらないからである．平行でない複数の力はこの方法で合成できる（**図2-3b**）．

3　力のモーメント

剛体のある1点が固定されているとき，この点以外に力が作用すると剛体が回転を始める．この回転を起こす作用の大きさを力のモーメントという．モーメントの大きさは，作用する力の大きさと，作用点と回転中心との距離によって次式のように決まる．

力のモーメント＝力×距離[N・m] ……………………………………(4)

ただし，ここでモーメントに対して有効な力は，加えた力のうち，作用点と回転中心を結ぶ方向に直交する成分の大きさである．**図2-4a**は，軸に対して力が垂直に作用したときのモーメントを示している．このとき，作用点に軸に対して斜めの方向に力が作用した場合，モーメントは作用した力のうち，直交成分のみが関係する．これは，斜めに作用する力を2つの力の合力として分解して考えるとわかりやすい．2つに分解された力のうち，軸方向の力は軸自体を回転させる効果をもっていないのでモーメントには関係しない．したがって，図のように軸に対して角度 θ で斜めに働く力を F_θ とすると，直交する成分 F_{90} は，

$F_{90} = F_\theta \cdot \sin\theta$

となる．したがって，この場合のモーメントは回転中心からの距離を r とすると，

モーメント＝$r \cdot F_\theta \cdot \sin\theta$

となる．

物体にモーメントが発生する多くの力が加わったときは，それぞれのモーメ

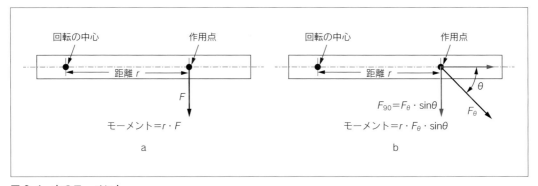

図2-4　力のモーメント

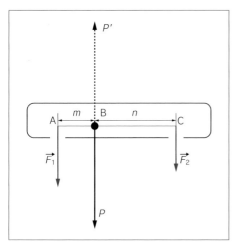

図 2-5　平行な力の合成

ントの総和が実際に働くモーメントとなる．この場合は，力の作用する向きによって回転方向が逆になることもあるので，回転の方向に正負の符号をつけて計算する．

4　重　心

　平行な力が複数作用する場合の合力は，「1　力の合成」で示した方法では求められない．**図 2-5** にこの場合の合力の求め方を示す．同図に 2 つの平行な力 $\vec{F_1}$，$\vec{F_2}$ を考える．いま，$\vec{F_1}$ と $\vec{F_2}$ の合力 P につりあう力 P' を仮定する．

　P' の作用点 B 点の周りでモーメントのつりあいを考える．

$$\vec{F_1}\times m=\vec{F_2}\times n \cdots\cdots\cdots\cdots\cdots\cdots\cdots\cdots\cdots\cdots\cdots\cdots(5)$$

　作用点 A および C の周りのモーメントはそれぞれ，

$$P'\times m=\vec{F_2}\times(m\times n)\cdots\cdots\cdots\cdots\cdots\cdots\cdots\cdots(6)$$
$$P'\times n=\vec{F_1}\times(m\times n)\cdots\cdots\cdots\cdots\cdots\cdots\cdots\cdots(7)$$

となる．（5）式を（6）式または（7）式に代入すると，

$$P'=\vec{F_1}+\vec{F_2} \cdots\cdots\cdots\cdots\cdots\cdots\cdots\cdots\cdots\cdots\cdots\cdots(8)$$

が得られる．

　$\vec{F_1}$ と $\vec{F_2}$ の合力につりあう力 P' の作用点は，$\vec{F_1}$ と $\vec{F_2}$ の作用点 A，C を $m:n$ に内分する点 B であり，その大きさは $\vec{F_1}+\vec{F_2}$ である．合力 P は P' と大きさが同じで逆向きの力である．

　重心とは，物体の各部に働く力の合力の作用点の位置のことである．一定の重力下にある物体に対しては重力は一方向に作用すると考えることができるので，重心の位置は平行な力の合成によって求めることができる．物体の重さを

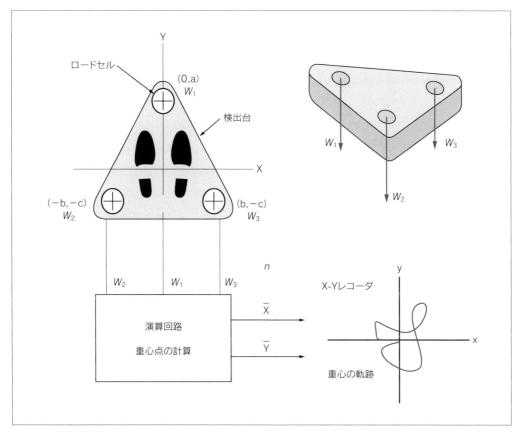

図 2-6　重心動揺計の構造

2つの部分に分けたとき，それぞれが$\vec{F_1}$および$\vec{F_2}$の重量であったとすると，重心の位置B点が定まることになる．

　力を計測する機器は医学分野でも数多く使用されている．重量を計測するはかりにも，薬剤の量などごく微量の物を対象としたものから，ベッドとその上に寝ている人の体重まで測ることを目的としたものまで，さまざまな種類がある．

　重心動揺計は，体の平衡感覚の検査に使われている．体を直立に保とうとしたときに，体がどの程度安定しているかを調べる装置で，体を上部からみたときの重心の位置の変化を計測している．重心の位置を二次元的な平面上の点として計測するためには，体重をこの平面上の3点の分力として測定する必要がある．**図 2-6**は重心動揺計の構造を示したもので，ロードセルという荷重センサー（力–電気抵抗変換器）で被検者の体重を**図 2-6**に示す3点に分割して測定する．ロードセルの位置は固定されているので，それぞれの荷重から力の作用点，すなわち装置上の平面に投影される重心の座標を計算することができる．重心座標の時間的な変化が軌跡として記録される．

1. トルク（力のモーメント）の単位と次元を示しなさい．ただし，単位は SI 単位で示し，質量・長さ・時間の次元をそれぞれ M・L・T として，[M・L・T] の形で示しなさい．

2. 地上で 30° の摩擦のない斜面にある質量 10 kg の箱を図のように保持するのに必要な力 F [N] はいくらか．ただし，重力加速度は 9.8 m/s^2 とする．

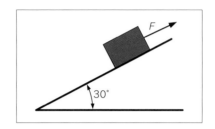

3. 大きさがそれぞれ 10 N，20 N の 2 力 $\vec{F_1}$，$\vec{F_2}$ が，60° の角度で 1 点に働くときの合力 $\vec{F}$ の大きさはいくらか．

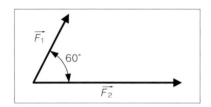

4. 質量 1.0 kg の剛体の棒が回転できる継手を介して壁に取り付けられている．継手から 60 cm のところに質量 1.0 kg の物体を置いた．棒が水平で動かないとき，継手から 10 cm のところに取り付けたひもが鉛直方向に引っ張るおよその力 F [N] はいくらか．ただし，棒の重心の位置は継手から 30 cm の点にあるとする．

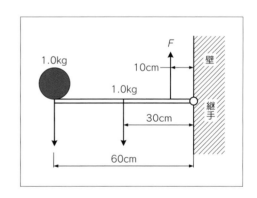

5. 摩擦のある水平な台の上に質量 m の物体を置き，水平方向に初期値が 0 で時間とともにゆっくりと増加する力 f を加えたところ，$f = f_0$ のときに動き出した．重力加速度を g として，静止摩擦係数 μ を表しなさい．

第3章 力と運動

Ⅰ 運動を考えるための基礎となる考え方

　力は「物体の運動状態を変化させるもの」と定義されている．すなわち運動とは，物体がその位置を変化させることをいい，力によって物体に加速度が生じた結果引き起こされる動きの状態のことである．

　力が物体に作用すると物体は力に比例した加速度を生じ，力が一定であれば物体の質量に反比例した加速度を生ずる．

　一方で，運動している物体に常に力が作用しているとはかぎらない．力が働いていないときの物体には加速度が生じないが，これは必ずしも静止しているというわけではなく，運動状態に変化がないことを速度の変化がないと言い換えれば，力が作用していない状態でも物体が一定の速度で動くことが理解できるだろう．

　ここではまず，運動を速度の変化や加速度として理解するために必要な基本的な考え方を数式を使って説明する．

Ⅱ 速さと速度

　速さとは運動の速い遅いを表すもので，物体が単位時間に移動する距離を表す．速さの単位は $m \cdot s^{-1}$ である．

　速度とは，速さと方向を含む量である．力によって速度が変化するということは，言い換えれば，力によって速さや運動の方向が変化することである．速度の単位は速さと同じである．

　このことから，速さは速度の絶対値（大きさ）であり，ベクトルではなくスカラーであることがわかる．これに対して速度は，大きさと方向をもつベクトルである．

ベクトルとスカラー

ある物理量を数値で表すとき，その量がスカラーであるかベクトルであるかを認識しておくことは大切である．スカラーとは，大きさだけをもち方向のない量のことで，質量や長さなどがこれに相当する．一方，ベクトルは，大きさと方向をもつ量であり，単位には直接現れてこないが，数値は大きさを表し，方向はこれに付加された情報として与えられる．速度や加速度などは典型的なベクトル量である．

Ⅲ 位置，速度，加速度

　物体の運動によって物体の位置が変化することを，物体が変位したという．変位はベクトル量である．運動前の位置と運動後の位置との間の距離が大きさであり，位置の変化は方向をもっている．速度も変位と同様，大きさ（速さ）と方向をもったベクトルである．したがって，速度の変化しない運動，すなわ

ち等速度運動は速さも向きも変わらない運動ということになり，等速直線運動ともいう．

　速度の大きさは，単位時間当たりの変位として表される．向きは変位の向きと同じである．

　速度は時間と変位から決めることができる．はじめの時間を t_1，位置を x_1，変位後の時間を t_2，位置を x_2 とする．このときの平均速度は，

$$v = \frac{x_2 - x_1}{t_2 - t_1} \quad \cdots\cdots\cdots\cdots (1)$$

となる．t_2 を t_1 に限りなく近づけるとこの間の変位も小さくなるが，速度は時刻 t_1 の時点の瞬間的な速度となる．微小変化に対して $x_2 - x_1 = dx$，$t_2 - t_1 = dt$ とすると，

$$v = \frac{dx}{dt} \quad \cdots\cdots\cdots\cdots (2)$$

として与えることができる．単位は $\mathrm{m \cdot s^{-1}}$ である．この式はある時点での位置を示す x を時間 t で微分したことを意味する．微分とは，小さな変化を別の小さな変化で除したものである．

　位置を時間で微分すると速度になる．速度が時間的に変化する運動を加速度運動という．加速度とは，速度の時間に対する変化の割合のことであり，単位時間に変化する速度で表す．前述と同様に，はじめの時間を t_1，速度を v_1，変位後の時間を t_2，速度を v_2 とする．このときの平均加速度 α は，

$$\alpha = \frac{v_2 - v_1}{t_2 - t_1} \quad \cdots\cdots\cdots\cdots (3)$$

となる．t_2 を t_1 に限りなく近づけ t_1 の時点の瞬間的な加速度を求めると，微小変化に対して $v_2 - v_1 = dv$，$t_2 - t_1 = dt$ と記述して，

$$\alpha = \frac{dv}{dt} \quad \cdots\cdots\cdots\cdots (4)$$

として与えることができる．加速度の単位は $\mathrm{m \cdot s^{-2}}$ である．加速度は速度を微分したものであるので，結果として位置を時間で2回微分（2次微分）したことになる．これを式の形で表すと，

$$\alpha = \frac{d^2 x}{dt^2} \quad \cdots\cdots\cdots\cdots (5)$$

となる．

　図 3-1 に，位置（変位），速度，加速度の関係をグラフで示した．

Ⅳ 運動の法則

1 ニュートンの法則

　力と運動との関係を定式化したのはニュートンである．ニュートンの運動の法則は次の3つに分けられる．

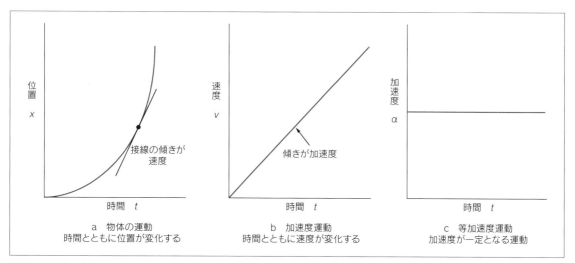

図 3-1　一定の加速度をもつ物体の運動
位置，速度，加速度の関係.

1）運動の第 1 法則

　この法則は慣性の法則ともよばれ，物体に外部から力が作用しなければ，運動中の物体は等速直線運動を続け，静止している物体は静止し続ける.

　力はニュートンの運動法則に基づいて定義されている．すなわち，質量 M の物体に外力 F が働いたときに生ずる加速度を α とすると，

$$F=M \cdot \alpha \cdots\cdots\cdots\cdots\cdots\cdots\cdots\cdots\cdots\cdots\cdots\cdots\cdots\cdots\cdots\cdots\cdots\cdots(6)$$

となるように力の単位が定められた.

　力の単位は SI 単位系では，質量 1 kg の物体に働いて，1 m・s^{-2} の加速度を生ずるときの力を 1 N（ニュートン）と定義されている．(6) 式を運動の方程式という.

　この運動に関連して，物体を落下させたときの運動は，重力が物体に一定の加速度を与えるのに等しい運動となることが確かめられている．重力は，物体の質量に関係なく物体に一定の加速度を与える効果をもつ．したがって，重力は加速度運動を引き起こすことのできる力であるといえる．重力 g に加速度と等しい単位をもたせることで，重力の作用する地上の運動に運動方程式を適用することができる.

2）運動の第 2 法則

　この法則を特に運動の法則という．物体に外部から力が働くとき，その物体は力の方向に加速度を受ける（**図 3-2**）．加速度の大きさは力に比例し，物体の質量に反比例する．力が作用しなければ加速度が生じない，すなわち，力が 0 であれば加速度も 0 であり，運動の状態は変化しないことは，この法則に含まれる結果でもあり，運動の第 1 法則は第 2 法則の一部ともいえる.

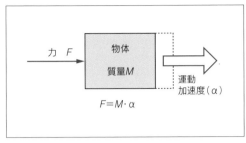

図 3-2　力と運動

3）運動の第 3 法則

　この法則は作用反作用の法則とよばれる．作用と反作用は大きさが等しく，向きが反対方向の力として働く．作用・反作用はお互いを結ぶ直線上にのみ働く．

　作用・反作用の例はいろいろな現象に認められる．たとえば，

- ・手で壁を強く押すと逆に手が壁から力を受けて押し返される．
- ・静止摩擦力が存在するとき，これに見合う反作用が存在して物体が静止したまま動くことはない．
- ・ロケットのエンジンから下方に強く噴射すると，ロケット自体は上昇する．
- ・手こぎボートは，オールで水を掻くと反対方向に動く．

などである．

2　質量と重量

　質量の単位は kg である．この単位は日常的に重量の単位としても用いられている．質量と重量は本質的に違った単位をもつべきものであり，両者を混同して使用すると物理学の理解の妨げにもなる．

1）質量とは

　力を与えると，物体は加速度運動を始める．質量は力に対する加速度運動のしにくさを決める量ということになる．すなわち，慣性力の大きさを決める量であるともいえる．慣性力は重力とは関係しない．重い，軽いは地上（あるいは一定の加速度の下）で感じるもので，力である．質量は物体自体がもっている量で，力を与えたときの運動からその大きさを測ることができる．

2）重量とは

　重量は物体に働く重力の大きさをいう．地上では，物体の質量に関係なく一定の加速度が働く．質量 1 kg に働く重力を g（9.8 m・s^{-2}）としているので，質量 M の物体の地上での重量 W は，$W=M・g$ となる．これを力の SI 単位で表すと，$W=9.8M$（N）となる．

　普通に 1 kg といっている重量は，厳密には 1 kg 重，あるいは 1 kgf などと

表し，質量と区別する．1 kg重（1 kgf）は9.8 N（ニュートン）である．

Ⓥ 自由落下と放物運動

　地上で高い位置から物体を手放すと，物体は下方に落下する．何も力を加えていないようにみえても，物体には地球の重力（引力）による力が働いているためである．このような運動を自由落下という．

　放物運動とは，物体を放り投げたときの運動である．地上での物体は一様に重力を受けるので，物体に人工的に力を与えても，実際にはこの力と同時に重力が作用する．しかし，放物運動では，大気の影響などを無視すれば，物体は手から離れた後は重力だけの力を受けることになる．放物運動は，物体がはじめにどの方向に運動をしていたかがわかれば解析できる．

1　自由落下における速度と加速度

　質量 M の物体が地上の近くに存在した場合，この物体には地球の重力（引力）により重力加速度 g が働いている．これは，物体に地球の中心に向いた（地表では鉛直下方）$M \cdot g$ の力が作用していることになる．この力により，静止していた物体の速度は次第に増加する．

　はじめに地表から高さ h の場所に静止していた物体が下に落ちた場合，この物体の速度 v は t 秒後に

$$v = g \cdot t \quad\text{……………………………………………………………(7)}$$

となり，物体の質量には関係しない．地表にぶつかるまでに要した時間を t_h とすると，t_h 秒後の速度 v_h は，

$$v_h = g \cdot t_h \quad\text{…………………………………………………………(8)}$$

であり，落下中は時間に比例して速度が上昇する．落下中の物体の平均速度は初速度 0 と最終速度 v_h の平均で $v_h/2$ である．この平均速度で t_h 秒だけ移動したことになるので，地上までの移動距離 h は，

$$h = \frac{t_h \cdot v_h}{2} = \frac{t_h \cdot t_h \cdot g}{2} = \frac{t_h^2 \cdot g}{2} \quad\text{………………………………(9)}$$

となる．落下時間 t_h は，

$$t_h = \sqrt{\frac{2h}{g}} \quad\text{………………………………………………………(10)}$$

で計算できる．

　はじめの状態で物体に下方に速度 v_0 が存在した場合では，(7) 以降の式の速度に v_0 が加えられるので，$v = v_0 + g \cdot t$ にして考えればよい．このとき，v_0 を初速度という．初速度が上方に向いているときは，重力加速度によって速度が減少することになるので，上方への速度を正として式を作ると，

$$v = g \cdot t - v_0$$

となる．この場合，物体ははじめ上方に運動し，速度が0となった時点で最高点に達した後，落下が始まる．速度が0となるまでの時間tは$t = v_0/g$である．

物体の上昇過程での平均速度は$v_0/2$なので，このとき物体ははじめの高さから$v_0^2/2g$だけ上昇したことになる．この後の物体の運動は，最高点で静止した物体の自由落下と同じことになる．

2 放物運動における速度と加速度

放物運動では，運動の方向と力の加わる方向（重力の方向）は必ずしも一致しない．運動は，初期の運動の向きと重力の向きの両方を含む平面のなかで生ずる．この平面で，地表の水平面をx軸，重力の方向をy軸として表すと，物体のもつ速度や加速度はそれぞれ，x軸方向の成分とy軸方向の成分に分離できる．

図3-3のように，物体がある方向へ速度v_0で動いている場合，x軸からの角度をθとすると，x軸方向の速度成分とy軸方向の速度成分は，

$$v_{0x} = v_0 \cos \theta \cdots\cdots\cdots\cdots\cdots\cdots\cdots\cdots\cdots(11)$$
$$v_{0y} = v_0 \sin \theta \cdots\cdots\cdots\cdots\cdots\cdots\cdots\cdots\cdots(12)$$

と表せる．放物運動をしている物体では，y軸方向だけに重力が作用し，x軸方向には外力の作用がない．したがって，運動はx軸方向は等速度運動，y軸方向では加速度gの等加速度運動となる．このとき，運動の初期速度を(11)，(12) 式の条件で与えれば，t秒後の速度v_xおよびv_yは，

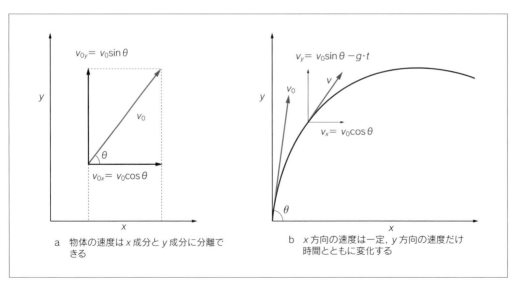

a　物体の速度はx成分とy成分に分離できる

b　x方向の速度は一定，y方向の速度だけ時間とともに変化する

図3-3　放物運動と速度の変化

$$v_x = v_0 \cos \theta \quad \cdots\cdots\cdots\cdots\cdots\cdots\cdots\cdots\cdots\cdots\cdots\cdots\cdots (13)$$

$$v_y = v_0 \sin \theta - g \cdot t \quad \cdots\cdots\cdots\cdots\cdots\cdots\cdots\cdots\cdots\cdots\cdots (14)$$

となる．時間が$0 \sim t$間に移動した距離（t秒後の変位）x, yは，等速度のxについては速度と時間の積で決まり，速度が時間に比例して変化する項をもつyについては初項は時間×速度，第2項は時間×平均速度$g \cdot t^2/2$なので，

$$x = t \cdot v_0 \cos \theta \quad \cdots\cdots\cdots\cdots\cdots\cdots\cdots\cdots\cdots\cdots\cdots\cdots (15)$$

$$y = t \cdot v_0 \sin \theta - \frac{g \cdot t^2}{2} \quad \cdots\cdots\cdots\cdots\cdots\cdots\cdots\cdots\cdots\cdots (16)$$

である．(15)，(16) 式からtを消去すると，

$$y = x \cdot \tan \theta - \frac{g \cdot x^2}{2 v_0^2 \cos^2 \theta} \quad \cdots\cdots\cdots\cdots\cdots\cdots\cdots\cdots (17)$$

となる．(17) 式は，y軸と平行な線を軸とする放物線を表している．

Ⅵ 円運動

1 円運動の速度と加速度

ある点を中心に周回する円運動について考える．最も簡単な等速円運動は，物体がある円の円周上を一定の速さで周回する運動である．ここで速さと表現したのは，円運動では物体の運動の方向が時々刻々と変化しているからである．速度とは大きさと方向をもつベクトルであり，同じ速さであっても，方向が変われば等速度ということにはならない．

図 3-4 は，等速円運動の運動状態を図示したものである．物体が半径rの円周上を速度vで運動しているとき，$|v|$が一定であれば，速度vもまたある点を中心として回転していることになる．たとえば，**図 3-4a** で速度をv_1，v_2, v_3とすると，速度ベクトルは**図 3-4b** 上の点 C を中心に回転するベクトルになっている．等速円運動では，速度ベクトルの回転も一定の速さになる．等速円運動では速度の方向が変化するので，加速度運動とみなすことができる．このとき，円運動の加速度をαとして**図 3-4c** のように表すことができる．

これらの円運動の周期Tはどの図においても等しい．**図 3-4a** では運動の周期を，

$$T = \frac{2\pi r}{v} \quad \cdots\cdots\cdots\cdots\cdots\cdots\cdots\cdots\cdots\cdots\cdots\cdots\cdots\cdots (18)$$

と表現でき，同様に**図 3-4c** では運動の周期は，

$$T = \frac{2\pi v}{\alpha} \quad \cdots\cdots\cdots\cdots\cdots\cdots\cdots\cdots\cdots\cdots\cdots\cdots\cdots\cdots (19)$$

となる．(18)，(19) 式でTは等しいので，結果として，

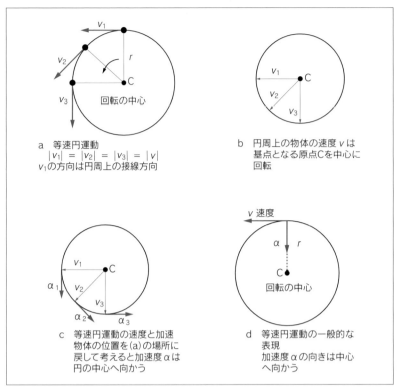

a 等速円運動
$|v_1| = |v_2| = |v_3| = |v|$
v_1の方向は円周上の接線方向

b 円周上の物体の速度vは基点となる原点Cを中心に回転

c 等速円運動の速度と加速
物体の位置を(a)の場所に戻して考えると加速度αは円の中心へ向かう

d 等速円運動の一般的な表現
加速度αの向きは中心へ向かう

図 3-4　等速円運動

$$\alpha = \frac{v^2}{r} \quad\text{..}(20)$$

が得られる.

　図 3-4a，cから，速度がv_1のときの加速度α_1は，円の中心に向いていることがわかる（**図 3-4d**）．等速円運動では加速度の大きさは一定で，その向きは常に中心に向いている．この加速度を向心力または求心力という．

2　角速度

　円運動では，物体の速さを単位時間に円周上を回転する角度で表現する．角度はラジアン［rad］で表現し，回転の速度を角速度として表す．rad は半径 1 の円の円周で中心角に対応した円弧の長さで角度を表現する方法であり，円の一周に相当する 360 度は 2π になる．半径 r の円周上を単位時間に θ だけ回転する物体の移動距離は $r\cdot\theta$ になる．これを利用して速度を表すと，速度ωは，

$$\omega = \frac{\theta}{t} \quad\text{..}(21)$$

になる．ωは角速度であり，単位は $\text{rad}\cdot\text{s}^{-1}$ となる．角速度を使って円運動を表現すると，運動の速度vと加速度αはそれぞれ，

$$v = r \cdot \omega \quad \cdots\cdots\cdots\cdots\cdots\cdots\cdots\cdots\cdots\cdots\cdots\cdots\cdots\cdots\cdots\cdots (22)$$

$$\alpha = \frac{v^2}{r} = r\omega^2 \quad \cdots\cdots\cdots\cdots\cdots\cdots\cdots\cdots\cdots\cdots\cdots\cdots\cdots (23)$$

となる.

　角速度は円運動だけでなく，一定の周期で変動する正弦波など，周波数領域で現象を説明する際にもよく利用される.

3　慣性力と遠心力

　加速度運動をしている物体上で観察したときに現れる見かけ上の外力を慣性力といい，円運動（あるいは回転運動）にみられるこの慣性力を特に遠心力という.

　慣性力を考えるには，運動を観察するときの視点が重要である．運動中の物体の上で，物体に加速度 α が作用している状態を考えてみよう.

　図 3-5 のように，車の内部に振り子を用意して運動を考える．車が一定の加速度 α で運動をすると，振り子は加速度運動と反対の向きに振れ静止する．振り子のおもりの質量を M，吊ってある糸の張力を T とすると，**図 3-5a** に示すように，振り子には $-F$ の力を作用させなければその静止状態を説明できない．この $-F$ は車の内部にいる人にしか観察できない力であり，実際には振り子がもつ慣性力によって現れる力である．慣性力は加速度の方向と逆の方向に発生する.

　もし，この運動を車の外部で観測すると，**図 3-5b** のように，車自体に加わっている加速度 α が振り子に作用し，これによる力が張力の横方向成分として現れていることがわかる.

　遠心力は円運動の場合にみられる慣性力である．等速円運動では加速度は常に回転の中心方向を向いているので，遠心力は中心から物体を結んだ線上を円

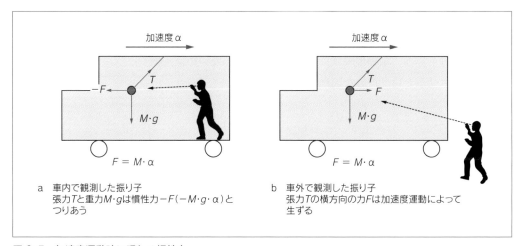

a　車内で観測した振り子
　　張力 T と重力 $M \cdot g$ は慣性力 $-F(-M \cdot g \cdot \alpha)$ とつりあう

b　車外で観測した振り子
　　張力 T の横方向の力 F は加速度運動によって生ずる

図 3-5　加速度運動時に現れる慣性力

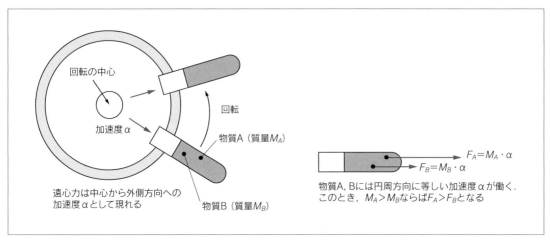

図 3-6　遠心分離器の原理

の外側方向に向く力として発生する.

　遠心力を利用した医療機器の一つに遠心分離器がある. 質量の異なる物質を混合した流動体を容器に入れ, 容器ごと高速度で回転させる. 容器内の個々の物質はいずれも等しい加速度運動をするので, 遠心力として外側にこの加速度と大きさの等しい加速度運動が与えられる. 個々の物質に同じ大きさの加速度が与えられると, その物質には質量（密度）に対応した力が作用する. この結果, 密度の大きな物質により大きな力が発生し, 容器の底に移動する（**図 3-6**）. 遠心分離器は, 遠心力を利用したこの原理で, 密度の異なる物質を分離することができる.

Ⅶ 振　動

　バネにおもりをつけてぶら下げると, バネはおもりの重さに比例して伸びる. この現象はフックの法則として説明される. しかし, 実際にこれを試すと, おもりをぶら下げた後にバネは上下に運動を繰り返し, 安定するまでに時間がかかる. この現象を振動という. 振動現象は, 外力が作用していないのに, 物体が運動の方向を変化させるという複雑な運動を示す.

1）単振動

　単振動では, 初期条件で与えられた運動が永久に持続し, 外力が全くない状態でも振動が繰り返される. バネの振動や振り子の振動でみることができる.

2）減衰振動

　通常の振動では, 運動に伴って空気の抵抗やバネの内部摩擦などでエネルギーが失われるので, 振動が無限に続くことはなく, いつかは運動が停止して

しまう．振動の大きさが時間の経過とともに次第に小さくなるような運動を減衰振動という．

3）強制振動

　単振動，減衰振動では，運動中に外部からの力は作用しない．しかし，一般の振動では，モータの動きによって生じる振動など，振動中にも外力が作用し続けることがよくある．このように，外部から強制的に周期的な力が作用する振動を強制振動という．外力の振動数が系の単振動や減衰振動の振動数（固有振動数）に近くなると振動の振幅が大きくなる．この現象を共振（あるいは共鳴）という．

練習問題 （解答は p.103〜104）

　1．角速度の単位と次元を示しなさい．ただし，単位は SI 単位で示し，質量・長さ・時間の次元をそれぞれ M・L・T として，［M・L・T］の形で示しなさい．

　2．質量 2 kg の物質が外力 5 N を受けるとき，物体に生じる加速度を計算して，単位を付けて示しなさい．

　3．質量 m の物体が初速度 0 で高さ h 落下したとき，次の問に答えなさい．ただし，t は時間，v は速度，g は重力加速度とし，空気抵抗はないものとする．
　　1）t 秒後の速度を与える式を示しなさい．
　　2）h を与える式を示しなさい．

　4．遠心分離器において質量 10 g の試料が半径 10 cm で円運動を行っている．毎分 600 回転（運動中の角速度が $20\pi/s$）のときの遠心力を計算しなさい．

第4章 エネルギーと仕事

1 力学エネルギーと仕事

1 エネルギーとは

　エネルギーは物理現象を説明するだけでなく，自然科学の最も基本的で重要な概念である．エネルギーとは物体に力を与え，物体を運動させて仕事をさせることのできる"もの"あるいは"こと"をいう．物体を動かすための源となるものは，エネルギーという概念で統合できる．エネルギーは物質としての実態をもたないので，その存在を表現するためには，エネルギーの変化を物体の動きや状態変化として理解するとよい．

　エネルギーはいくつもの形をもっている．物体を高い所から落として杭を打つとき，この物体には位置のエネルギーが存在したと考える．また，動いている物体を物にぶつけて力を作用させたりする場合，動いている物体には運動のエネルギーがあるとみなす．空気を熱して体積膨張により仕事をさせる場合には，熱のエネルギーを与えたと考えることができる．

　エネルギーは形を変えることができる．物体を高い所から落として杭を打つ場合，落とした物体は杭を押しつけて停止する．杭は物体からエネルギーを受け取って地中に食い込んで停止する．このエネルギーは摩擦熱や振動となって拡散するが，最終的には周りの物体を加熱する熱エネルギーへと形を変えている．

　エネルギーはその形を変えるが，はじめにあったエネルギーの量は最終的に保存されている．エネルギーをつくり出しているようにみえても，それは別のエネルギーからの変化を与えられているのであり，逆にエネルギーを失ったようにみえても，それは別のエネルギーへと変化したのである．

　ここでは，物体の運動に関係する力学的なエネルギーについて，関連した概念である仕事との関係を考えることにする．

2 エネルギーと仕事

　物体に仕事がなされたとき，物体には必ず力が作用していて，その力で物体が動かされる．仕事は，

　　仕事＝力×距離 ……………………………………………………………(1)

として定義されている．この場合，距離は，正しくは力の加わった方向に物体

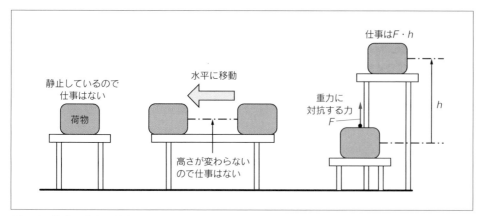

図4-1　物体の動きと仕事

が移動した距離をいう（**図4-1**）.

　仕事とは物体に力が作用したときの状態の変化をいい，物体に仕事をさせる源をエネルギーとよぶ. エネルギーと仕事はある現象の表裏の関係を示すもので，物体のエネルギーの変化が仕事として認識できると考えてもよい.

　エネルギーの差が仕事であることから，仕事とエネルギーは同じ単位をもつことがわかる.（1）式より，仕事の単位は力の単位［N：ニュートン］と距離の単位［m：メートル］の積である. したがって，仕事の単位はN・mとなる. これをJ（ジュール）と表す. 1Jの仕事を物体の運動で表現すると，1Nの力で物体を力の方向に1m移動させるときの仕事量をいう. 地上で物をもつ場合は，重力加速度が働くので支える力は$M \cdot g$となる.

　この力を考えると，地上では1Nの力で支える物体の質量が$M \cdot g = 1$となるので，$M = 1/g$ kg，すなわち1/9.8 kgの質量の物体を支える力になる. これは，1Jの仕事は約100gの物体を1m上方に持ち上げる仕事に相当する.

　エネルギーは，必ずしも物体のもつエネルギーの総量を表すわけではない. たとえば，物体を1m持ち上げるときの仕事によって与えられたエネルギーは，物体がはじめにもっていたエネルギーと移動後のエネルギーとの差である. すなわち，はじめの状態と変化した状態でどれだけのエネルギー変化があったかを考え，これを与えられた位置エネルギーとして表現する.

Ⅱ エネルギーの形

1 位置エネルギー

　物体は，置かれた位置によるエネルギーをもっている. このエネルギーが仕事を介して取り出せるとき，それをポテンシャルエネルギーという. ポテンシャルエネルギーとは単に位置のみをいうわけではない. バネを伸ばしたり縮めたりしたときに，バネに蓄えられたエネルギーもポテンシャルエネルギーと表現する. ポテンシャルエネルギーは，物体自身が静止した状態で保持してい

るエネルギーである．

　一般には，物体を重力に逆らって持ち上げることによるエネルギーを，単に位置エネルギーとよぶことが多い．これは正確には重力ポテンシャルエネルギー E_p であり，質量 M の物体を上方に h 持ち上げると，仕事＝重力ポテンシャルエネルギー E_p は，

$$E_p = M \cdot g \cdot h \quad\cdots\cdots\cdots\cdots\cdots\cdots\cdots\cdots\cdots\cdots\cdots\cdots\cdots\cdots(2)$$

となる．g は重力加速度であり，$M \cdot g$ は物体を持ち上げるのに必要な力である．（2）式からもわかるが，ポテンシャルエネルギーは物体がはじめにあった場所からどれだけ上下方向に移動したかによって決まり，移動の途中経過には依存しない．物体が同じ高さで水平方向に移動した場合には，結果として位置エネルギーの変化はなく，物理的な表現では何らの仕事もしていないことになる．

2　運動エネルギー

　運動エネルギーは，仕事によって運動の状態（速度）に変化を与えたときのエネルギーのことである．運動している物体は運動することでエネルギーを蓄え，このエネルギーを変換させる過程で仕事もすることができる．

　物体が運動を続けることで保持しているエネルギー（運動エネルギー E_k）は，質量と速度によって与えられる．すなわち，

$$E_k = \frac{M \cdot v^2}{2} \quad\cdots\cdots\cdots\cdots\cdots\cdots\cdots\cdots\cdots\cdots\cdots\cdots\cdots(3)$$

となる．（3）式は，エネルギーが移動距離と力の積であることと置き換えることができる．

　加速度を α とすると力 F は，

$$F = M \cdot \alpha \quad\cdots\cdots\cdots\cdots\cdots\cdots\cdots\cdots\cdots\cdots\cdots\cdots\cdots\cdots(4)$$

となる．加速度 α によって時間 t が経過すると物体の速度 v は，

$$v = \alpha \cdot t \quad\cdots\cdots\cdots\cdots\cdots\cdots\cdots\cdots\cdots\cdots\cdots\cdots\cdots\cdots\cdots(5)$$

で表すことができる．運動が位置エネルギーへと変換されたとすると，運動が停止した時点で速度は 0 となるので，はじめの速度 v から一定の減速（等加速度運動）で速度が 0 となるまでの移動距離 h を求めると，

$$h = \frac{v \cdot t}{2} \quad\cdots\cdots\cdots\cdots\cdots\cdots\cdots\cdots\cdots\cdots\cdots\cdots\cdots\cdots(6)$$

となる．エネルギー E は $F \cdot h$ で与えられるので，（4）式から，

$$E = F \cdot h = M \cdot \alpha \cdot h \quad\cdots\cdots\cdots\cdots\cdots\cdots\cdots\cdots\cdots\cdots\cdots(7)$$

となる．（5），（6）式を使って α と h を消去すると，$\alpha \cdot h = v^2/2$ となるので，

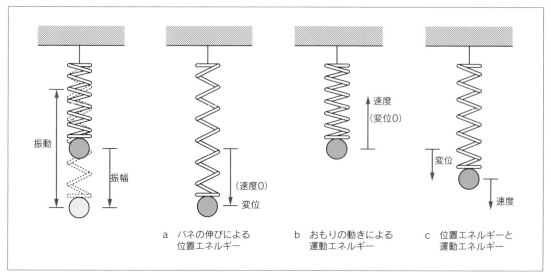

振動

振幅

(速度0)
変位

速度
(変位0)

変位

速度

a　バネの伸びによる
　　位置エネルギー

b　おもりの動きによる
　　運動エネルギー

c　位置エネルギーと
　　運動エネルギー

図4-2　バネの振動中のエネルギーの状態

$$E=\frac{M \cdot v^2}{2} \cdots\cdots\cdots\cdots\cdots\cdots\cdots\cdots\cdots\cdots\cdots\cdots\cdots\cdots\cdots\cdots(3)'$$

が得られ，運動エネルギーが力×距離と等価であることが示される．運動エネルギーは速度の2乗に比例する．運転中の自動車が衝突したときの危険性や，ブレーキをかけたときの制動距離が速度の2乗に比例すると考えられるのは，この式から説明できる．

　物体は運動によって，位置エネルギーと運動エネルギーを交換することができる．バネの振動（単振動）を例にすると，**図4-2**の振動状態でaでは位置エネルギー，bでは運動エネルギー，cではこれらが複合した状態となっている．このように，振動中のバネのエネルギーは，運動によって形は変わるがその総和は保たれている．

　ある系で物体が運動しても，系としてのエネルギーは増えることもなければ減少することもない．エネルギーは形を変えても，無から生まれてくることもなく，また，失われることのない量である．この法則をエネルギー保存則という．

Ⅲ 仕事と仕事率

　仕事とは変換されたエネルギーの量をいい，そのエネルギーが変換されるのに要した時間には関係しない量である．しかし，仕事を考えるとき，ある仕事をどのくらいの時間で行ったかは，機械の性能や仕事の能率を考えるうえで重要である．

　仕事率は，一定時間でどのくらいの仕事がなされるかを評価する指標であ

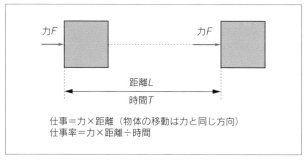

図4-3 仕事と仕事率

る．ある機械の仕事率が示されれば，どの程度の時間でどのくらいの仕事をすることができるかを知ることができる．仕事率は，

仕事率＝仕事の量÷仕事に要した時間 ……………………………………(8)

で表される（**図4-3**）．

仕事率の単位はW（ワット）である．仕事率の定義にしたがって単位は，

$$W = J \cdot s^{-1}$$ ……………………………………………………(9)

で与えられる．1Wは1秒間で1Jの仕事をなすときの仕事率である．

Wは電力の単位でもある．同じ単位を別の現象に使用しているのではなく，仕事率は電力と同じであることを示している．電力は電気エネルギーの変換率（仕事率である）を与えるものである．変換された電気エネルギーの総量Jはこれに時間を掛けて，W・s（またはW・h）で求めることができる．

このような関係を使えば，たとえば発動機にモータが使われた場合の力学的な出力を容易に変換できる．通常は，エネルギーの形が変換される際にはすべてのエネルギーを有効に変換できないことがほとんどであり，実際にはエネルギー変換効率を考慮しておく必要がある．変換によって失われたエネルギーは，最終的には熱エネルギーとして外部に放出されてしまう．

練習問題 （解答は p.104）

1．エネルギー（仕事，熱量）の単位と次元を示しなさい．ただし，単位はSI単位で示し，質量・長さ・時間の次元をそれぞれM・L・Tとして，[M・L・T] の形で示しなさい．

2．質量100gの物体を5秒間で2m上方に持ち上げたときのおよその仕事率［W］を計算しなさい．ただし，重力加速度は9.8 m/s^2 とする．

3. 図のように点 O に固定した長さ L の軽い糸につけた小球を A の位置から静かに放したとき，小球が最下点 B を通るときの速さ v を式で表しなさい．ただし，重力加速度を g とする．

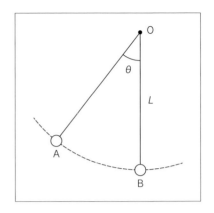

第5章 弾性体の力学

① 応力とひずみ

1 力と応力

　物体に力を作用させると，力に対応して物体に変形が生ずる．変形は与えた力の方向に関係する．外部から与えた力（外力）は，圧縮，引張，せん断（剪断）の3種類の荷重と，曲げ，ねじりの2種のモーメントに分けられる．モーメントとは回転に働く荷重のことである（**図5-1**）．

　これらの荷重が作用すると，物体の内部では力に応じた変形が起こる．外力を受けたとき，物体の内部では物体自身の連続的な形状を維持するように抵抗力，すなわち内力が働く．この内力を応力という．

　応力には，荷重に対応して圧縮応力，引張応力，せん断応力がある．物体の内部が均質で，等方性（物体の方向によって性質が異ならない）をもつものとして考えると，断面積が一定で，均質な材料では圧縮，引張，せん断について，どの断面でも一定の応力が発生する．モーメントに対応した応力は，材料の内部に現れたこれら3つの応力の分布で表現される．

2 応力とひずみ

　力が作用したときの物体の変形は，この応力に対するひずみとして考えるこ

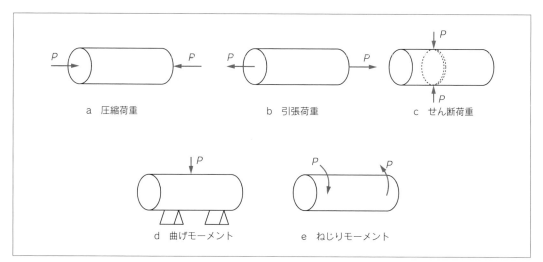

図5-1　物体に作用する力

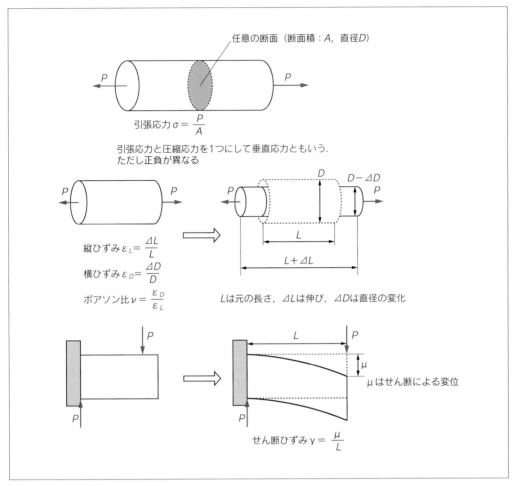

図 5-2　応力による材料の変形とひずみ

とができる．材料全体でみれば，物体の変形を伸び，縮み，曲がりなどと表現
できる．ひずみとは，変形した量をもとの寸法で割って変形の割合として表し
たものである．

　応力は，任意の面における単位面積に加わる力と定義できる．すなわち，引
張応力をσ，荷重をP，断面積をAとすると，

$$\sigma = \frac{P}{A} \cdots\cdots\cdots\cdots\cdots\cdots\cdots\cdots\cdots\cdots\cdots\cdots\cdots\cdots(1)$$

となる．応力は単位面積当たりの力であるので，単位は$\mathrm{N \cdot m^{-2}}$となる〔これ
は圧力の単位Pa（パスカル）と等しい〕．

　荷重と同一の方向に現れるひずみを縦ひずみε_L，直角方向のひずみを横ひず
みε_Dという．せん断荷重に対しては，荷重と同じ方向に現れたひずみをせん断
ひずみγという（**図 5-2**）．**図 5-2**のように，一般の材料では，引張や圧縮に
より長さが変わると横方向の太さも変化する．縦方向と横方向のひずみの関係
をポアソン比νといい，

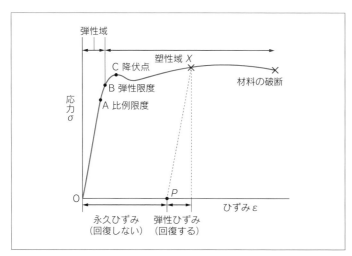

図 5-3　材料に加わった応力とひずみの関係

$$\nu = \left| \frac{\varepsilon_D}{\varepsilon_L} \right| \quad\dots\dots\dots\dots\dots\dots\dots\dots\dots\dots\dots\dots\dots\dots\dots\dots(2)$$

と定義される．ポアソン比は材料によって一定の値である．一般的な金属のポアソン比は 0.25～0.35 の範囲にある．生体の構成要素のように，含水率が高く，圧縮による体積変化が無視できる物質では，ポアソン比は 0.5 となる．

3　材料における応力とひずみ

　応力とひずみは必ずしも比例した関係にはない．

　図 5-3 は，ある材料を引っ張ったときの応力とひずみの関係を示したものである．実際には，荷重と伸びの関係を測定するが，応力-ひずみ図として表現できる．応力が増加するにつれひずみも増大するが，特徴的な点が存在する．O-A の間では，ひずみが応力に比例して増加する．A 点はその最大限度を示す点で，この点の応力を比例限度という．さらに応力が増加して B 点に達するまで，ひずみは応力に応じて増大する．応力が B 点以下の範囲で変化した場合には，応力を取りさればひずみは O に戻り，変形は残らない．この点の応力を弾性限度といい，このようなひずみを弾性ひずみという．

　応力が B 点をこえると，荷重（応力）を取り除いても伸び（ひずみ）は O に戻らず，変形が完全に回復することはない．回復しないひずみを永久ひずみという．この点以上のひずみによる変形を塑性変形という．荷重をさらに増加すると，応力があまり増加していないにもかかわらず，ひずみが大きくなる現象が発生する．このような現象は応力が C 点をこえると現れる．C 点は降伏点ともよばれ，材料がこれ以上の応力に対して抗しきれないことを示す．材料が弾性限度内にあったときと比べ，これより先では応力が増加するとひずみが著しく増大する．

Ⅱ 弾性率

1 フックの法則

バネの伸び x と荷重 P の関係は，

$$P = k \cdot x \quad (k：バネ定数) \cdots\cdots\cdots\cdots\cdots\cdots\cdots (3)$$

で示すことができる．この法則はフックの法則とよばれている．

2 ヤング率

フックの法則をひずみと応力の関係におきかえて一般化する．材料を引っ張ったり圧縮したときに現れる荷重方向のひずみ（縦ひずみ）ε と応力 σ が比例するとき，

$$E = \frac{\sigma}{\varepsilon_L} \cdots\cdots\cdots\cdots\cdots\cdots\cdots\cdots\cdots\cdots (4)$$

と表される．比例係数 E を縦弾性率（係数）またはヤング率という．

3 せん断弾性率

図5-4a は荷重によるバネの伸びを示したものである．荷重によるバネの材料の変形は，バネの巻きをほどいてまっすぐにして考えるとわかりやすい．図5-4b のように，バネの変形は，材料のせん断応力によるせん断ひずみによることがわかる．

横方向の変形に対する弾性率は，横弾性率あるいはせん断弾性率とよばれる．この弾性率も応力とひずみの関係として定義できる．この場合，応力としてせん断応力 τ，ひずみとしてせん断ひずみ γ を考え，

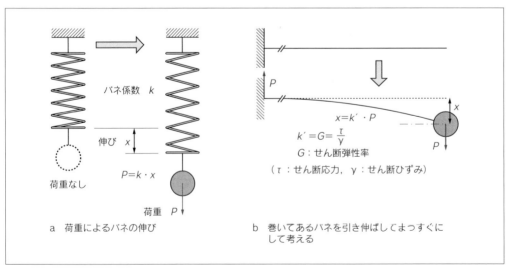

a 荷重によるバネの伸び

b 巻いてあるバネを引き伸ばしてまっすぐにして考える

図5-4 バネの力と伸びの関係

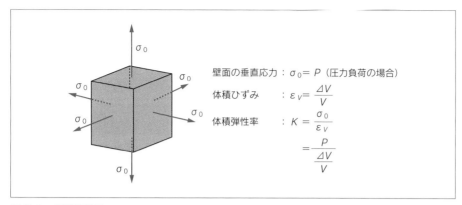

壁面の垂直応力： $\sigma_0 = P$ （圧力負荷の場合）

体積ひずみ： $\varepsilon_V = \dfrac{\Delta V}{V}$

体積弾性率： $K = \dfrac{\sigma_0}{\varepsilon_V}$

$$= \dfrac{P}{\dfrac{\Delta V}{V}}$$

図 5-5 体積弾性率

$$G = \frac{\tau}{\gamma} \quad\dotfill\quad (5)$$

としてせん断弾性率 G を求める.

4 体積弾性率

　応力が作用して物体に体積変化が生ずるとき，これを応力に対する体積ひずみと考えれば，体積に対する弾性率（体積弾性率）を定義できる．**図 5-5** に示すように，物体のあらゆる方向に同一な大きさの垂直応力 σ_0 だけが作用しているとする．この状態は，物体に一定の圧力 P が作用しているとみなしうる力学的状態である．この応力 σ_0 により生ずる体積ひずみを ε_V とすると，体積弾性率 K を，

$$K = \frac{\sigma_0}{\varepsilon_V} \quad\dotfill\quad (6)$$

と表す．垂直応力すなわち圧力を P として，もとの体積を V，体積の変化を ΔV と表すと，（6）式は，

$$K = \frac{P}{\dfrac{\Delta V}{V}} \quad\dotfill\quad (7)$$

と表すことができる.

練習問題 （解答は p.104）

　1. ばね定数の単位と次元を示しなさい. ただし，単位は SI 単位で示し，質量・長さ・時間の次元をそれぞれ M・L・T として，[M・L・T] の形で示しなさい.

2. 図のように長さ l, 直径 d の丸棒に荷重 P を加えたところ, 丸棒は Δl だけ長くなり, Δd だけ細くなった. 次の値を式で表しなさい.

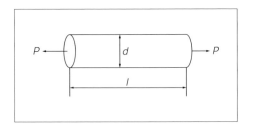

 1) 平均引張応力

 2) 軸方向の縦ひずみ（引張ひずみ）

 3) ポアソン比

3. 断面積 50 mm^2, 長さ 2 m の銅線に 5 kN の引張荷重を加えたとき 1 mm 伸びた. 銅線のヤング率はいくらか.

第6章 流体の力学

1 圧 力

　流体は，物体の形が定まらず，流動的であることが特徴である．形を変えやすいという点で，液体と気体は共通の性質をもつので，この両者を流体 (fluid) とよぶ．流体に力が加わって形が変わる現象を流動といい，この状態にある流体を流れると表現する．流体の力学では，力の作用に対する流体のふるまいのとらえ方に固体の場合と異なる特徴がある．固体では，力は与えた場所に作用するので，この点を物体の大きさを考えない質点として考えることができた．その意味で，固体の力学は質点の力学と言い換えることができよう．これに対して流体では，外力が流体の内部に影響して，内力としての応力の働きによる変形や運動に近い．このような力の作用を圧力といい，流体が示す物理的な作用や運動では圧力に対する知識が不可欠となる．

　圧力は，力と同様に物体の運動を変化させることができる．その意味で，圧力は気体や液体の構成分子が押しあう力ともいえる．このような力は，流体を構成する分子の運動に基づくものであり，温度や物質の密度に関係する．また，流体には質量があるので，重力により重さとしても作用する．この重さが加わる面に対して力が働くので，高さ方向に広がる流体では重力による圧力も存在する．

　圧力は，基本的には応力の一つとして考えることができ，単位面積に働く流体の及ぼす力を意味する．圧力の単位は力÷面積で示すことができる．

> **圧力の解釈**
>
> 圧力は単位体積当たりのエネルギーと考えることもできる．この観点からの圧力の解釈については，後述のベルヌーイの定理の部分で説明する．

1 圧力の単位

　圧力は力÷面積であるので，力の SI 単位である N （ニュートン），面積を m^2 を用いて表すと，圧力の基本単位 Pa （パスカル）をつぎのように定義できる．

$$1\ Pa = 1\ N \cdot m^{-2} \quad\cdots\cdots\cdots\cdots\cdots\cdots\cdots\cdots\cdots\cdots\cdots\cdots\cdots\cdots(1)$$

　圧力は真空中で 0 となるので，圧力を表現するにはこの点を基準にするのが基本である．このように示された圧力を絶対圧という．これに対して，測定の方法によっては圧力を大気圧を基準として表現することがある．この圧力は大気圧との差を測定していることになる．たとえば，血圧などを水銀柱で測定すると，測定値として大気圧よりどのくらい高い圧力になっているかが得られる．大気圧を基準として表現された圧力をゲージ圧という．

圧力の単位は，SI 単位では Pa が用いられるが，従来，さまざまな単位で圧力が測定されてきたため，現在でも多くの単位系による表示がみられる．特に医療の分野では，血圧，呼吸器の圧力など，歴史的に生理情報として圧力が測定されてきたことから，測定装置に基づく圧力単位が現在でも一般に使用されている．たとえば，血圧の表現で使用される mmHg［または Torr］を Pa に換算すると，

$$1\ \text{mmHg} = 133.3\ \text{Pa} \cdots\cdots\cdots\cdots\cdots\cdots\cdots\cdots\cdots\cdots\cdots\cdots\cdots\cdots\cdots\cdots(2)$$

となる．

2　気体の圧力

　密閉された容器内に気体を封入すると，圧力が生じる．容器内の気体分子は温度に依存した速度で動いているが，その方向は自由である．気体の周りに壁があると分子は壁と衝突する．この衝突によって壁は分子に押され，一方，分子は反対方向に跳ね返る．1 つの分子により壁に与えられる力はきわめて小さいが，多くの分子が存在すれば全体としての力は数に比例して大きくなる．運動速度は温度の上昇に伴って大きくなるので，高い温度下では衝突回数が増加し，結果として圧力が増す．

　地上では，大気の重さによって地上の空気は圧縮され圧力として作用する．これを大気圧という．地上での平均的な大気圧を 1 気圧という．海水面では平均的に，1 cm^2 あたり 1.033 kg の質量の空気が重さとして作用している．質量 1.033 kg の空気の重量は重力加速度 g を掛けて，1.033×9.807 N＝10.13 N の力を及ぼすので，SI 単位系による圧力 Pa に換算して 1 気圧を Pa で表現すれば，1 気圧＝101,300 Pa となる．気象情報などでは，10 の 2 乗倍の接頭語（h：ヘクト）を使って 1,013 hPa と称している．

3　ボイルの法則

　ボイルの法則は，温度が一定のとき，一定量の気体で気体の体積 V が圧力 P に反比例する現象をいう．この条件下では，

$$P \cdot V = \text{一定} \cdots\cdots\cdots\cdots\cdots\cdots\cdots\cdots\cdots\cdots\cdots\cdots\cdots\cdots\cdots\cdots\cdots\cdots(3)$$

が成立する．ただし，気体は理想気体で温度は一定とする．

　容器内に多くの分子が存在し，それぞれが自由な向きに運動している場合，分子の衝突頻度は体積 V に反比例する．分子の衝突頻度は圧力に比例するので，圧力 P は容積 V に反比例する．

4　シャルルの法則

　シャルルの法則は，圧力が一定のとき，一定量の気体の体積が温度〔絶対温度．単位は K（ケルビン）〕に比例するというものである．気体分子の運動速度

は絶対温度に比例する．分子の衝突頻度を圧力と置き換えて考えると，運動速度が温度 T（単位は K）に比例して大きくなったとき，圧力が一定ならば体積 V は T に比例して大きくなる．すなわち，

$$\frac{V}{T} = 一定 \quad\cdots\cdots\cdots\cdots\cdots\cdots\cdots\cdots\cdots\cdots\cdots\cdots\cdots\cdots\cdots(4)$$

が成り立つ．

　ボイルの法則とシャルルの法則を一つにして，ボイル・シャルルの法則といい，

$$P \cdot V = A \cdot T \quad\cdots\cdots\cdots\cdots\cdots\cdots\cdots\cdots\cdots\cdots\cdots\cdots\cdots\cdots\cdots(5)$$

で示される．A は定数であるが，理想気体では $A = n \cdot R$ となる．ただし，n は気体のモル数，R は気体定数である．気体定数は気体の種類に関係なく一定で，$8.3\ \mathrm{J \cdot mol^{-1} \cdot K^{-1}}$ である．0℃，1 気圧（標準状態という）のとき，1 モルの体積は 22.4 L である．

　熱に関する章（第 7 章）で説明するが，物体の温度 T は物体の平均的な熱エネルギーを意味する．その考え方から (5) 式を変形して $P = A \cdot T / V$ とすれば，気体の圧力が単位体積当たりのエネルギーを表現していることがわかる．

5　ドルトンの法則

　気体の圧力を分子の運動状態として考える場合，圧力は気体の組成に関与しない．たとえば，空気（乾燥状態）では窒素（N_2）が約 4/5 であり，酸素（O_2）が 1/5 であることを考慮する必要はない．しかし，これらの分子が化学変化を起こすとき，反応が圧力に関係する条件下では，それぞれの分子の圧力を知らなくてはならない．

　1 気圧の空気では，酸素や窒素は 1 気圧の環境下にあるが，それぞれの分子は他の分子と独立に運動をしているとみなすことができる（図 6-1）．この場合，たとえば窒素分子についていうと，窒素は全体の 4/5 の衝突を繰り返し，酸素が 1/5 の割合となり，全体で 1 の衝突頻度となる．もし，この空気から窒素分子だけを取り出したとするなら，窒素分子によってつくられる圧力もまた全体の 4/5 となることになる．また同様に，酸素の圧力は全体の 1/5 になる．このときの窒素の圧力を窒素の分圧（4/5 気圧）といい，酸素の分圧は 1/5 気圧となる．

　気体の圧力は，全体の圧力と組成が分かれば成分に分離して分圧で表現できるので，取り扱いはきわめて容易になる．全体の圧力を P，気体中に含まれる分子それぞれの分圧を P_i で表すと，

$$P = \Sigma P_i \quad\cdots\cdots\cdots\cdots\cdots\cdots\cdots\cdots\cdots\cdots\cdots\cdots\cdots\cdots\cdots(6)$$

となる．ただし，i はそれぞれの分子の種類を表す．これをドルトンの分圧の式という．

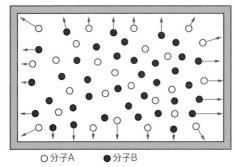

○分子A　　　●分子B
分子Aのみによる圧力（Aの圧力）＝全体の圧力×Aの分子の割合
分子Bのみによる圧力（Bの圧力）＝全体の圧力×Bの分子の割合

図6-1　分圧の概念

Ⅱ 圧力の3つの形

　液体も気体と同様に流体であるので，圧力に関する基本的な考え方は全く同様である．圧力は，**図6-2**に示す3つの圧力の形態に分離して考えるとわかりやすい．

　図6-2aは密閉された容器内の圧力を示している．容器の材質は，硬いものでも風船のように弾力性のあるものでも関係ない．流体が封入されているときに，流体の分子運動によって壁に作用する圧力を静圧という．流体に流れのない状態の圧力の一つである．

　図6-2bは重力による圧力を示している．容器に水を満たし，上端部を大気に開放する．容器の底面には，大気圧に加えて底で支えている上部の水の重量が作用している．大気圧を基準に考えれば，この水かさに相当する大気の重さは無視できるので，水の量に対応する力を底面積で割った圧力が働いていることになる．円筒の容器で考えれば，底面積をS，液体の密度をρ，液体の高さをhとすると，液体の重量（底面に作用する力）は$S \cdot \rho \cdot g \cdot h$となる．ただし，$g$は重力加速度である．この力が底面に作用するので，圧力＝力÷面積の定義から，圧力は$\rho \cdot g \cdot h$となることがわかる．

　さらに，流体では流れによる圧力も生じる．流体それ自体の流れが流れのなかの壁にあたったとすると，流体の密度と速度に応じた力がこの壁に作用する．**図6-2c**は流れによる圧力を示したもので，このような圧力を動圧という．動圧は流体のもつ運動エネルギーに相当し，

$$動圧 = \frac{1}{2} \cdot \rho \cdot v^2 \quad\text{..}(7)$$

で与えることができる．

　これら3つの圧力は，流体中で互いに変換されることがある．この現象はベ

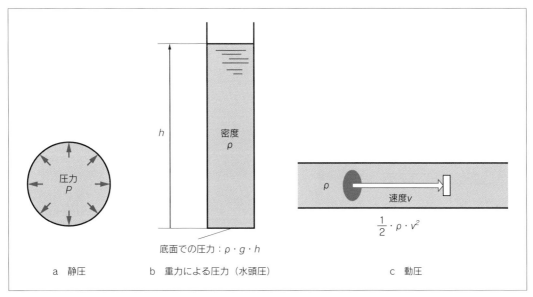

図6-2　圧力の形態

ルヌーイの定理としてまとめられている．すなわち，流れに外部から力が作用していない状態では，流れのもつ圧力 P は，静圧を p とすると，

$$P=p+\rho \cdot g \cdot h+\frac{1}{2} \cdot \rho \cdot v^2 \cdots\cdots\cdots\cdots\cdots\cdots\cdots\cdots\cdots\cdots\cdots\cdots(8)$$

で示され，圧力の形が別の形に変わったとしても P は一定の値を保つ．このときの P を総圧という．

　ベルヌーイの定理は，粘性のない（無視できる）流体で成立する．このような流体を理想流体という．

　ベルヌーイの定理は，流体におけるエネルギー保存則としてとらえることもできる．むしろ，物理学的には，この考え方が本質的な表現といえよう．

　圧力は $Pa=N/m^2$ で表現されているが，体積当たりのエネルギー（J/m^3）と置き換えることができる．単位で確認しておくと，

　　　$Pa=N \cdot m/m^3=J/m^3$（エネルギーの単位：J，体積の単位：m^3）

となる．

　この考え方で整理すると，重力による圧力は位置エネルギーを意味し，また動圧は運動エネルギーのことになる．たとえば，流体の微小体積部分 ΔV の運動エネルギーの総和と考えると，$\rho \cdot \Delta V=\Delta M$（流体の微小部分の質量）となるので，この部分の運動エネルギーは $1/2 \cdot \Delta M \cdot v^2$ と表現することができる．これらの総和が速度をもつ流体の運動エネルギー（$1/2 \cdot M \cdot v^2$）となる．密度 ρ を M/V とすれば，$Pa/V=1/2 \cdot \rho \cdot v^2$，すなわち，単位体積当たりの運動エネルギーが動圧となることが説明できる．

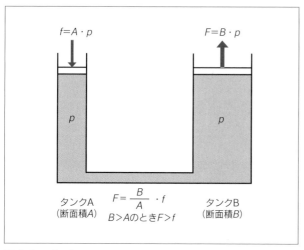

図6-3　パスカルの原理

Ⅲ パスカルの原理

　硬い密閉された容器内の圧力は，容器内のどの部分でも一定とみなせる．硬い容器内では圧力伝搬は非常に早く，容器内は常に等しい圧力が維持されていると考えても差し支えない．

　この現象から，パスカルの原理が導かれる．図6-3はパスカルの原理に基づいて力を拡大する方法を示している．2つのタンクを連結させ，断面積の小さなタンク（断面積：A）の水面に力fを作用させる．この力によって生ずる圧力は，$p=f/A$となる．この圧力は，大きな断面積をもつタンクにも同様に分布するので，タンクB（断面積：B）の水面には上部への力Fが生じ，

$$F=B \cdot p = f \cdot \frac{B}{A} \quad\text{(9)}$$

となる．BはAより大きいので，タンクBの水面では，与えた力fより大きな力Fをつくり出すことができる．

　この原理はさまざまな機械に利用され，小さな駆動力で大きな力を発生させる目的で使われている．ただし，fの力でBの水面を一定量hだけ押し下げたとすると，断面積の違いから，Bの水面は$h \cdot A/B$の上昇しかしない．したがって，力は増幅できるが，移動距離を考えれば，与えた仕事量と等しい仕事が実行されている．

Ⅳ 流れの考え方

1 流体とは

　流体は，静止している状態で力を受けると変形する．流体には気体と液体が存在する．同じ流体でもこれらの性質は異なる．液体は気体に比べ密度が大き

いので，重力の影響が大きく現れることと，流体内部での分子運動が互いに一定の拘束を受けるので，気体より自由に運動できない．

流体の体積が力（圧力）によって変化するとき，この流体を圧縮性流体という．体積変化が小さいときは非圧縮性流体という．

2 粘 性

流体が分子の集合体であることはすでに述べた．運動に伴う分子間の摩擦力（抵抗力）を粘性という．

流体中に接しあう2つの部分を考える．流体の一方の部分に力を作用させ動かしたとする．流体の他の部分を静止状態として，両者が相対的な速度 γ で移動しているとき，速度 γ をずり速度という．流体の2つの部分は切り離されるように動くので，両者の境界面ではせん断力が働いていることがわかる．このせん断力をずり応力 τ ともいう．

水は，ずり応力 τ [N・m^{-2}] とずり速度 γ [1・s^{-1}] の関係が比例する性質をもつ．このような流体をニュートン流体という．ニュートン流体では，

$$\gamma = \frac{1}{\mu} \cdot \tau \quad \cdots\cdots\cdots\cdots\cdots\cdots\cdots\cdots\cdots\cdots\cdots\cdots\cdots\cdots\cdots\cdots\cdots\cdots\cdots(10)$$

が成立し，比例係数の逆数 μ [N・s・m^{-2}＝Pa・s] を粘性率という．

したがって，粘性率は流体の流れにくさを表す．流体のなかにはずり応力とずり速度が比例しないものもある．このような流体は非ニュートン流体とよばれる．

3 理想流体

流体運動を考えるときに，粘性による抵抗力を考慮しない場合がある．このような流体のことを理想流体（あるいは完全流体）という．ベルヌーイの定理は，理想流体を仮定して得た理論的な式である．実際の流体は必ずしも理想流体ではないので，このような仮定により求めた理論的な結果が実験結果と一致しないこともある．

 流体運動

1 流 線

流体の運動の様子は，**図 6-4** に示すような流線で表せる．流線とは，流体の一部がその上を流れていく道筋のことであり，流体の各部分はそれぞれ，ある流線上を移動する．流れの状態が時間の経過によって変化しないとき，この流れを定常流という．

これに対して，流れの状態が経時的に変化する場合には，流線もこれに伴って変わってくる．このような流れを非定常流という．

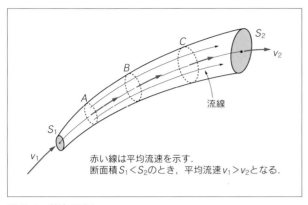

赤い線は平均流速を示す.
断面積 $S_1 < S_2$ のとき，平均流速 $v_1 > v_2$ となる.

図6-4　管内の流れ

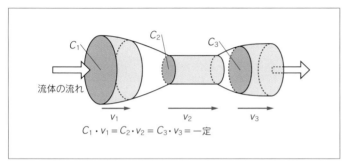

$C_1 \cdot v_1 = C_2 \cdot v_2 = C_3 \cdot v_3 = $一定

図6-5　連続の式

2　連続の式

　流体がある方向へ連続的に移動しているとき，ある量の流体が管内を移動すると，この部分の前後の流体も同時に移動する.

　図6-5 に示すような管において，管路の一部の断面積が C_1 であり，この部分の流速が v_1 であったとする．したがって，流体は単位時間で $C_1 \times v_1$ だけ移動する．流体は連続的に流れているので，管のある部分で一定量の流体が移動すれば，これにつながる別の部分でも同じ量の流体移動が起こらなければならない．このとき，他の部分の管の断面積が C_2 であるとすると，その部分での流速 v_2 は，

$$C_1 \times v_1 = C_2 \times v_2 \quad\cdots\cdots\cdots\cdots\cdots\cdots\cdots\cdots\cdots\cdots\cdots\cdots\cdots\cdots(11)$$

を満たさなくてはならない．したがって，管のどの部分でも断面積 C と速度 v の積は等しくなり，

$$C \cdot v = 一定 \quad\cdots\cdots\cdots\cdots\cdots\cdots\cdots\cdots\cdots\cdots\cdots\cdots\cdots\cdots\cdots\cdots(12)$$

が成立する．流体が圧縮性をもつ（圧縮性流体）場合には，一定時間に移動する流体の量は密度 ρ と体積の積で表されるので，

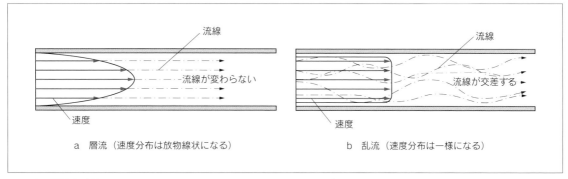

図6-6　層流と乱流

$$\rho \cdot C \cdot v = 一定 \quad\cdots\cdots\cdots(13)$$

が成立する．この式を連続の式という．

3　乱流と層流

　流れを流線で観測すると，流れにはさまざまな形があることがわかる．図6-6に2種類の流れの様子を示した．流線が交差しない流れを層流という．流体の各部分が層をなして流れ，これらが交わることはない．ニュートン流体では，流れの速度分布は放物線状になる．流れの中央部で最も流速が速くなり，その速度は流れの平均流速の2倍となる．

　一方，乱流の場合には流線が入り乱れるので，流路の方向で考えれば，流れの速度が流体の位置に無関係に一定となると考えられる．このとき，流れの速度分布はほとんど一様になる．

4　レイノルズ数

　流れのなかに物体が置かれた状態を考える．物体の大きさを代表する長さをL，流体の密度をρ，速度をv，粘性率をμとすると，

$$R_e = \rho \cdot L \cdot \frac{v}{\mu} \quad\cdots\cdots\cdots(14)$$

が粘性流体特有の数値として与えられる．このR_eはレイノルズ数とよばれ，無次元数である．ここで，物体を代表する長さとは，流体の流れに平行に置いた平板では流れ方向の長さとなり，円管を流れる場合には管の直径となる．レイノルズ数は，

$$R_e = 流体の慣性力 \div 粘性力 \quad\cdots\cdots\cdots(15)$$

と考えることができ，

$$R_e = 流体の荒々しさ \div 流体を押しとどめる力 \quad\cdots\cdots\cdots(16)$$

と言い換えることもできる．R_eが大きくなると流体は乱流になり，逆にR_eが小

さければ流れは穏やかな層流となる．層流と乱流の境界となる R_e は臨界レイノルズ数（R_{ec}）とよばれ，実際の値はおよそ 2,000〜3,000 である．ちなみに，生体内の血流のレイノルズ数は，大動脈起始部を除いて他のどの部位においても R_{ec} をこえることはない．したがって，血管系に異常がなければ，血液の流れは一般に層流とみなすことができる．

Ⅵ 管の中の流れ

　層流は，流体現象のなかでは比較的単純な流れである．**図 6-7** のように，断面積が一定のまっすぐな円管の中を粘性流体が層流で定常的に流れている状態を考える．

　管の一部に長さが L となる範囲を考える．この部分の流入部での圧力を P_i，流出部の圧力を P_o とする．この圧力差によって流れが生じると考えると，流量 Q は管路の抵抗を R とすると，

$$Q = \frac{P_i - P_o}{R} \quad\text{......................................(17)}$$

で与えることができる．これは，電圧と電流，電気抵抗の関係に相当する式である．(17)式はさらに，管の出入口での圧力差 $P_i - P_o$ を ΔP として表現すれば，

$$Q = \frac{\Delta P}{R} \quad\text{..(18)}$$

と記述することができる．すなわち，管の中を流れる量は圧力の差に比例する．

　さらに，管路における層流に対する抵抗 R は，

$$R = \frac{8\,\mu L}{\pi r^4} \quad\text{...(19)}$$

で与えられる．ただし，μ は流体の粘性率，r は管の半径，π は円周率である．この結果は理論的に得られるものであるが，流れが安定している条件下では，実験的な結果とよく一致することが確認されている．

　これらを総合して，管路を流れる流量は，

$$Q = \frac{\Delta P \cdot \pi r^4}{8\,\mu L} \quad\text{.....................................(20)}$$

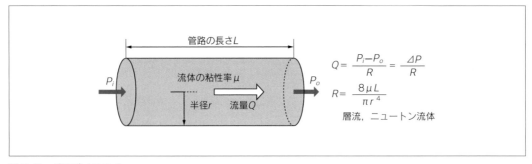

図 6-7　ポアズイユの式

として表すことができる．（20）式をポアズイユの式という．

（20）式によれば，同じ圧力で流体を流すときに，管の太さを半分にすると，抵抗は $2^4 = 16$ 倍に増加する．もし同じ流量を維持したければ，圧力も 16 倍にしなくてはならないことになる．

1 定常流と非定常流

流れの様子を流線で観察すると，流線は流れの軌跡が描かれる．このとき，流線の軌跡には時間が表現されていない．時間に関係せずに流れの状態が保たれるとき，これを定常流という．一方，時間によって状態が異なる流れを非定常流という．たとえば，心臓の拍動によって血管内で拍動して観察されるような流れは非定常流であり，拍動流ともいう．このような流れでも，前述した基本的な考え方は原則的に成立しているが，場合によって瞬間的な流れや平均的な流れとして解釈する必要があるので，流速など，どの時点での流れについて考えているのかを注意する必要がある．

練習問題 （解答は p.105）

1. 粘性率の単位と次元を示しなさい．ただし，単位は SI 単位で示し，質量・長さ・時間の次元をそれぞれ M・L・T として，[M・L・T] の形で示しなさい．

2. 10 mmHg の圧力を水柱の高さ［cm］に換算しなさい．

3. 内部の直径が 20 mm のまっすぐな血管内を粘性係数 0.004 Pa·s の血液が平均流速 0.2 m/s で流れている．この流れのレイノルズ数はいくらか．ただし，血液の密度は 1×10^3 kg/m^3 とする．

4. 密度 ρ の液体が入った容器の液面から深さ h の位置にあいた小さな穴から液体が流出するときの流速 v を式で表しなさい．ただし，重力加速度は g とする．

5. 図のように水平に置かれた絞りのあるパイプに流体が流れている．絞りの前後の圧力差 $P_1 - P_2$ を図中の文字を使った式で表しなさい．ただし，流体の密度を ρ，絞りの前の流速を v_1，絞りの後の流速を v_2 とし，完全流体が定常流で流れているとする．

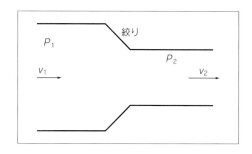

第7章 熱

I 熱現象

1 熱とは

手が物体に触れたとき，熱いと感じるとすれば熱は物体から手に向かって移動している．物体のもつ熱エネルギーが手に移動し，その結果，手の温度が上昇し熱いと感じる．熱の本体は，物質のもつ熱エネルギーである．熱エネルギーは，物質を構成している原子や分子の振動運動による運動エネルギーと同一のものである．このような運動エネルギーの移動を，われわれは感覚で知覚できる熱という性質に結びつけて理解している．しかし，熱と熱エネルギーとは同じものではない．

ある物体のもつ熱エネルギーとは，物体全体の内部のエネルギー（内部エネルギー）のことをいう．これに対して，熱とは熱エネルギーの一部が移動しているときの移動エネルギーのことを指す．熱は熱エネルギーとは性格の違う物理量であり，仕事とエネルギーの関係に近い．熱は，温度差によって移動する熱エネルギーと定義されている．

移動する熱の量を測定するには，熱により生ずる状態の変化を計測する．このときに用いる熱量（エネルギー）の単位はJ（ジュール）である．熱量は熱エネルギーの変化分であるので，単位はエネルギーの単位と等しくなる．従来は，熱量の単位をcal（カロリー）と表記し，1 calは水1 gを1℃上昇させるのに必要な熱量と定義されていた．しかし，現在ではエネルギーを表す国際単位系（SI）のJに統一されている．1 calは約4.2 Jに相当する．

2 温　度

温度とは，熱いか冷たいかの程度を表す量であり，本質的には物体の原子や分子の振動運動の平均的なエネルギー量に対応する．物体の全運動エネルギー量ではなく，物体内部の平均的な運動エネルギーであるので，物体の大きさには関係しない．温度の単位は，一般にはセルシウス温度（摂氏温度，℃）が用いられる．水の凍る温度を0℃とし，1気圧のもとで沸騰する温度を100℃として，その間を等分して温度スケールとしている．

物体の温度が等しいとき，物体間で熱エネルギーの伝達は生じない．このとき熱の移動はないことになる．これを熱平衡という．

物体を構成する原子や分子の運動エネルギーは物体の温度と関係するので，

温度をどんどん下げていくと物体内部の運動エネルギーもそれにつれ減少する. 物体の運動エネルギーは正の値をとるので, 0以下にはならない. このため, 物体の温度には下限が存在する. 到達しうる最低の温度は, 運動エネルギーを全くもたない状態に相当し, 摂氏−273℃である. この点を基準 (0) とした温度表示は科学的な現象を説明するときに便利であり, ケルビン目盛りあるいは絶対温度といい, 単位をK (ケルビン) で表す. ケルビン目盛りは, −273℃を0とし, 1Kごとの目盛りの大きさは1℃と同じである. したがって, 0℃は273Kということになる.

3 比熱と熱容量

熱エネルギーが物体に与えられると, 物体を構成する分子 (原子) の熱運動が増大し, これが温度の上昇として観測される. 決まった量の熱エネルギーを与えたとき, 物体の熱運動は大きくなる. しかし, 物体の質量が大きければ物体を構成する原子や分子の数も多くなるので, 一つ一つの分子や原子の熱運動は質量が小さい場合に比べて小さくなる. この結果, 温度上昇は小さくなる.

質量が等しい物質であっても, 一定の温度だけ上昇するのに必要な熱量 (エネルギー) は物質によって異なる. これは, 熱エネルギーが物質に伝わったときに, 物質内部でのエネルギー吸収の仕方が異なるからである. 物体の温度は, 原子や分子全体の振動的な運動エネルギーに対応する. しかし, 加えられた熱による運動が分子内部の運動にとどまり, 分子全体の振動に変化がないと温度の上昇には関係しない. 物質では, 熱エネルギーの変化に対してこれらの運動が複合的に生じるので, 物質の構成要素の性質によって温度変化に違いが起こることになる.

ある物質の熱的な性質を考えるために, その物体の単位質量 (1 kg) の温度を1Kだけ変化させる (1℃の変化と同じ) のに必要な熱量 q (J) を比熱 (比熱容量) と定義している. かつては水の比熱を1 (1 gの水を1℃上昇させる熱量を1 calとし, 単位は cal/(g・℃)) として, いろいろな物質の比熱を水との比率で与えていた. 現在では, SIの基本単位を元に決められており, 比熱は水との比較ではないので, 厳密には比熱容量とよぶべきであろう. **表7-1** にいろいろな物質の比熱を示す.

比熱を c とすると, 定義から,

$$c = \frac{q}{1\,\text{kg} \cdot 1\,\text{K}} \quad\cdots\cdots\cdots\cdots\cdots\cdots\cdots\cdots\cdots\cdots\cdots\cdots\cdots (1)$$

であり, 単位は J/(kg・K) となる.

ある物質の比熱を c として, 質量 m の温度が ΔT だけ変化したときに移動した熱量 Q は,

$$Q = m \cdot c \cdot \Delta T \quad\cdots\cdots\cdots\cdots\cdots\cdots\cdots\cdots\cdots\cdots\cdots\cdots\cdots\cdots (2)$$

として求めることができる.

表 7-1　さまざまな物質の熱特性

種類	比熱 (×10³ J/kg・K)	熱伝導率 (W/m・K)	熱膨張率 (×10⁻⁶)
金	0.13	310	14
銀	0.23	420	19
銅	0.38	390	17
鉄	0.44	76	12
アルミニウム	0.92	21	23
木材	1.2	1〜2	3〜5（線維に平行） 35〜60（線維に垂直）
水	4.2	5.9	0.21（体積膨張率）

比熱と熱膨張率は室温付近の値である.
熱伝導率は金属では 0℃付近, 木材や水は室温（15℃）の値である.

　熱容量とは，任意の質量の物体がどの程度の熱を抱えられるかを表す量である．物体の質量を m，比熱を c とすれば，1 K の温度上昇（温度変化）によって物体の抱える（変化した）熱量は熱容量 C とすると，

$$C = c \cdot m \ \ (J/K) \ \cdots\cdots\cdots\cdots\cdots\cdots\cdots\cdots\cdots\cdots\cdots\cdots\cdots (3)$$

と与えることができる.

　水の比熱は $4.2 \ \mathrm{kJ \cdot kg^{-1} \cdot K^{-1}}$（または $1 \ \mathrm{kcal \cdot kg^{-1} \cdot ℃^{-1}}$）である．鉄の比熱はおよそ $0.44 \ \mathrm{kJ \cdot kg^{-1} \cdot K^{-1}}$（$0.11 \ \mathrm{kcal \cdot kg^{-1} \cdot ℃^{-1}}$）であり，鉄は同じ温度上昇するのに必要な熱エネルギーが水の約 1/9 である.

Ⅱ 相の変化

1　蒸発と液化（図 7-1）

　物質は，大きく 4 つの状態で存在している．固体，液体，気体の 3 つと，プラズマとよばれる分子が分かれたイオンと電子の状態である．このような物質の状態は，物質の構成要素の運動状態を反映したものであり，温度や圧力と関係している.

　蒸発は，液体の表面で起こる状態の変化である．液体は固体に比べ分子の運動が自由であり，このために流体中では分子のレベルで物質の移動が起こっている．この過程で分子どうしの衝突が起こり，運動エネルギーのやりとりをしている．液体の表面近くで，ある分子がエネルギーを受けて液面から飛び出すと気体分子となる．気体は分子間の距離が大きいので容易に液面から遠ざかっていく．これを蒸発という．気体分子に与えられた運動エネルギーは液体から奪われるので，液体の平均運動エネルギーは減少し，液体の温度は下がる．発汗による身体の冷却効果は，体表面における汗の蒸発による冷却ということが

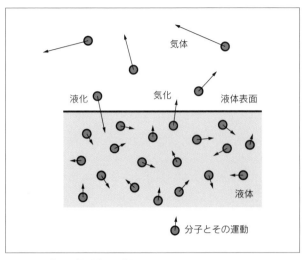

図7-1 蒸発（気化）と液化

できる.

　蒸発の逆の過程が液化である. 気体を冷却すると気体分子の運動エネルギーが減少し, 液体へと状態を変える. このような状態変化を液化という. 液化は液体にエネルギーを与えることになるので, 外部への熱の移動なしに液化が起これば温度は上昇する.

　液体がある一定温度以上に加温されると, 液体内部で分子が気体へと状態を変える. これを沸騰という. 液体中に気体が存在するためには, 気体が周りの液体より高い圧力になっていなくてはならない. 沸騰に必要な温度は, 気体の圧力を十分に上昇させることのできる温度条件で決まる. このため, 液面に加わる圧力が高いと, 沸騰にはより高い温度が必要となる.

　高圧蒸気滅菌装置は, このような原理で容器内の圧力を高くする（大気圧より1気圧程度高くする）ことで水の沸騰温度を上昇させ, 大気圧では100℃となる温度を120℃以上にして滅菌効果を得ている.

2　融解と凝固

　固体は, 物質の構成要素である原子や分子が決まった位置にある. 分子の振動現象は, 分子相互の位置関係を乱すほどには大きくない. しかし, 温度が上昇して, 決まった位置を維持できなくなるほど運動が大きくなると, 固体は融解して液体となる. 普通は, 固体から液体への変化で分子の自由度が増すので, 物体の体積が増える. しかし, 水は氷の状態で隙間の大きな結晶構造をとるので, 水に変わるとかえって体積が小さくなる. このため, 氷の比重は水より小さく, 氷は水に浮かぶことになる（図7-2, 3）. 融解には熱の供給が必要であり, 反応としては吸熱反応ということになる.

　凝固はこの逆の反応である. 物質から運動エネルギーを奪うと, 分子の自由な運動ができなくなり, 分子間の引力によって決まった配置へと固定される現

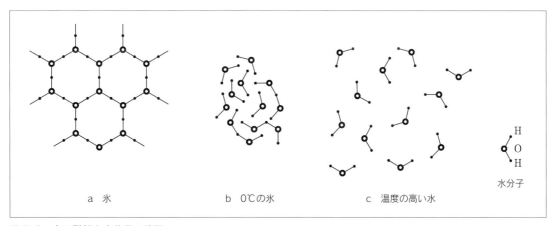

図7-2 氷の融解と水分子の位置

a 氷　　　　b 0℃の氷　　　c 温度の高い水

水分子

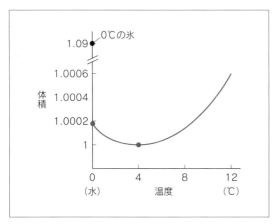

図7-3 温度による水の体積変化

象である.

Ⅲ 熱膨張

　熱による膨張は，物質の分子の運動状態と温度との関係によって説明できる．物質の温度が上昇すると，原子や分子の振動運動が大きくなり，平均して原子や分子間の距離が大きくなる．どのような物質でも，また固体，液体，気体，プラズマといったどのような状態であっても，温度が高くなれば一般に膨張が認められる.

　温度に対する膨張の大きさは物質によって異なり，膨張係数という値で与えられている．膨張係数は温度が1℃上昇したときのひずみ（大きさの変化率）で示される．一般に，固体より液体，液体より気体のほうが膨張係数（率）は大きい．したがって，目盛りをつけた固体の容器に液体を入れて容器ごと熱す

ると，容器自体も膨張して大きくなるが，液体はそれ以上に膨張するので表面の高さは上昇する．

　物質が等方性（物質の性質が方向によらずに均質）である場合には，体積の変化とある方向への長さ変化には簡単な関係式が成立する．

　長さの膨張を線膨張，体積の膨張を体膨張という．長さ L の物質の温度が Δt だけ上昇して長さが L' に変化したとき，

$$L'=L+L \cdot \alpha \cdot \Delta t \cdots\cdots\cdots\cdots\cdots\cdots\cdots\cdots\cdots\cdots\cdots\cdots\cdots\cdots\cdots\cdots(4)$$

が成立する．このとき α を線膨張係数という．

　同様に，体積を V として膨張後の体積を V' とすると，

$$V'=V+V \cdot \beta \cdot \Delta t \cdots\cdots\cdots\cdots\cdots\cdots\cdots\cdots\cdots\cdots\cdots\cdots\cdots\cdots\cdots\cdots(5)$$

が成立する．β を体積膨張係数（または体膨張係数）という．膨張係数は 1 に比べ非常に小さいので，等方性の物質では近似的に，

$$\beta =3\alpha \cdots\cdots\cdots\cdots\cdots\cdots\cdots\cdots\cdots\cdots\cdots\cdots\cdots\cdots\cdots\cdots\cdots\cdots\cdots\cdots\cdots(6)$$

の関係が成り立つ．

　熱膨張率は，材料の使用環境温度の変化が大きなときに材料の寸法や形状に変化が生ずるので，これを考慮した設計が必要になる（**表7-1** にさまざまな物質の熱膨張率を示したので参照されたい）．特に，熱膨張率の異なる物質を複合的に使用すると，接合部でのはがれや強い変形が起こる．バイメタルは熱膨張率の異なる金属板を貼り合わせたもので，温度による曲がりが大きく現れるので，熱センサーや感熱スイッチなどに利用されている．

　気体の膨張は，気体の種類によらずシャルルの法則によって定まっている（流体の項を参照）．一定量の気体の体積は絶対温度に比例し，1K 上昇するごとに体積は 1/273 ずつ増加する．

Ⅳ 熱の移動

1 熱伝導

　熱は運動エネルギーの伝達であり，熱の移動によって物体は他の物体とエネルギーのやりとりを行うことができる．物質どうしが直に接している場合，エネルギーは高温の部分から低温に向かって移動する．これは，物質の運動エネルギーが大きいほうから小さいほうへと伝搬することを意味する（**図7-4a**）．これを熱伝導という．熱伝導の大きさは物質によって異なり，熱をよく伝える物質を良導体，伝えにくいものを不良導体という．一般に金属は良導体で，液体や気体は不良導体である．

　熱の移動量は，温度勾配（温度の差）に比例する．温度勾配とは，物体内である短い距離 Δx だけ離れた 2 点の温度差が $\Delta \theta$ であるとき，距離に対する温度

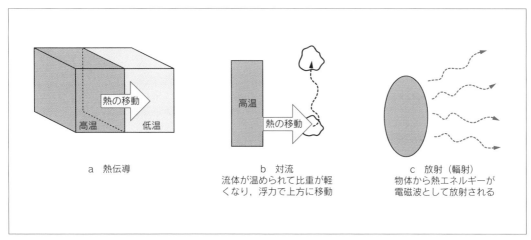

図 7-4　熱の伝わり方

変化（$\Delta\theta/\Delta x$）をいう．熱の伝導では，断面積 S の領域を一定時間 t の間に流れる熱量 Q が，

$$Q=k \cdot S \cdot t \cdot \frac{\Delta\theta}{\Delta x} \quad\cdots\cdots\cdots\cdots\cdots\cdots\cdots\cdots\cdots\cdots\cdots\cdots\cdots(7)$$

で表されることが実験的に確認されている．k は熱伝導率であり，単位を SI で表せば $J \cdot m^{-1} \cdot s^{-1} \cdot K^{-1}$ または $J \cdot m^{-1} \cdot s^{-1} \cdot {}^\circ C^{-1}$ となる（さまざまな物質の熱伝導率は**表 7-1** 参照）．

　また，空気が温められて軽くなり，上の方へ移動するなど，熱をもった物体が移動すると，これも熱の移動として考えることができる．このような熱の移動を対流という（**図 7-4b**）．大気や海水の移動など，気象に関係する自然界の熱の移動にも認められる現象である．体の周辺では，体温によって温められた空気の対流による熱の放散が働いている．

　料理をする際，鍋の水を沸かすのに比べ，肉や魚を焼くほうが時間がかかることをよく経験する．これは，肉や魚の構造に由来する．生体組織は細胞膜で包まれた小さな部分の集合体である．組織が熱せられると熱は次々と組織を伝導する．しかし，組織液の伝導率は水に近く，伝導率が低くなかなか熱が伝わらない．これに対して，鍋の水は鍋底で温められると対流により表面に移動し熱の伝導を行う．このため，供給した熱が速やかに全体にいきわたるのですぐに沸く．

　生体組織自体の熱伝導率はこのように非常に低い．このことは，体温を外気に逃がさないという点では有効に働いている．しかし，体温の調節に際しては，熱を伝導により運ぶことはきわめて効率が悪いことになる．実際には，体内でつくられた熱のほとんどは血液によって体表面まで運ばれる．

　熱伝導や対流では，熱の移動に際し，熱を運ぶ物質が介在している．しかし，太陽から地球に伝わる熱など，中間に全く物質がなくても離れたところへ直接

熱を移動する現象が存在する．これを熱の放射（輻射）という（図7-4c）．

　あらゆる物体は，温度に応じてエネルギーを放射している．放射は電磁波（光）の形で起こり，電磁波の波長は物体の材質には関係せず，温度に対応する．星や太陽が輝いてみえるのも，この放射が光として認識されるからである．皮膚温では，比較的波長の短い赤外線（波長9μm程度）が放射されるが，肉眼では認知できない．

　ステファン・ボルツマンの法則によれば，物体の放射エネルギーの総和Eはその物体の絶対温度の4乗に比例する．ある温度の物体の出す放射電磁波のうち，最も大きなエネルギーを放射する波長が絶対温度に反比例することは，ウィーンの変位法則として知られている．体表面の温度分布を測定するサーモグラフィは，ステファン・ボルツマンの法則に基づいてつくられている．

2　身体の熱移動と体温調節

　ヒトを含む恒温動物は，体温を適正なレベルに維持して身体活動を行っている．体という閉じられた環境の温度を一定に保つためには，体内での発熱と体外への熱放散を平衡させる必要がある．

　人体では，通常の活動レベルで代謝量の最も多い骨格筋が最大の熱産生器官となり，これに次いで肝臓もさかんに熱を産出する．一方，熱の排出のほとんどは皮膚を介した外界への熱の移動である．

　皮膚からの熱放散は物理的な現象であり，熱伝導，対流，放射（輻射）の熱移動に関する3つの現象と，皮膚面での汗の蒸発に伴って奪われる気化熱による．

　生体組織から皮膚への熱の移動は，ほとんどが血流による熱の移動であり，組織細胞を介した直接的な熱伝導はあまり関与しない．これは，生体を構成している物質（熱的にはほとんど水と等しい）の熱伝導率（度）がきわめて低く，必要量の熱を移動させることができないためである．

Ⅴ　熱と仕事

　熱は仕事に変換できるエネルギーである．たとえば，空気の入ったピストンを熱して中の空気を膨張させればピストンが移動し，外部に仕事をすることができる．また，水を激しくかき混ぜると，その運動によって水が摩擦し水温の上昇が起こる．これは，仕事（運動）が熱に置き換わったとみることができる．

　熱機関によくみられる温度の変化による圧力と体積の変化が，どのようにエネルギーに変換できるかを簡単に示す．

　図7-5のように断面積A，長さLの円筒のシリンダー（体積V）を考える．内部に圧力Pで気体を封入したとする．気体はボイル・シャルルの式にしたがうので，圧力を一定に保ちつつ，気体の温度を初期の温度TからΔT上昇させると，これに伴ってΔVの体積変化を生ずる．このとき，筒の端に物体を置い

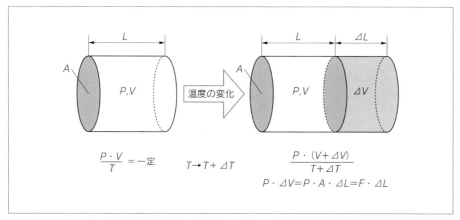

図 7-5　熱による気体の体積変化と仕事

て物体に作用する運動を考える．筒の断面には断面積と圧力の積（$A \cdot P$）としての力 F が作用する．筒の長さは $\varDelta L(=\varDelta V/A)$ だけ伸びるので，圧力と体積変化の積 $P \cdot \varDelta V$ は，

$$P \cdot \varDelta V = P \cdot A \cdot \varDelta L = F \cdot \varDelta L \cdots\cdots\cdots\cdots\cdots\cdots\cdots\cdots\cdots\cdots\cdots(8)$$

となる．(8) 式に示されるように，圧力と容積変化の積は力と距離の積に変換できる．力が作用して移動した物体には，$F \cdot \varDelta L$ の仕事がなされたことになる．

　このように，熱による気体の体積変化は仕事に変換でき，これがエネルギーの変換によるものであるとわかる．同じ温度変化を与えても，体積を一定に保って圧力を上昇させる場合には仕事はなされない．力の増加はあっても距離の変化はないからである．

Ⅵ 熱力学の法則

1　熱力学の第 1 法則

　熱はエネルギーの一つであり，熱に対してもエネルギーの保存則が成立する．これを熱力学の第 1 法則とよぶ．

　ある物体（系）に熱が加えられたとき，熱をこれに置き換わる等しい量の別の形のエネルギーに変換することができる．このとき，熱による温度上昇によるエネルギーの変化が必ずしも仕事に変わらないこともある．他のエネルギーに加えられた熱は，物体自身に蓄えられた熱エネルギーの増加として存在する．エネルギーが系の外に移動したとき，これを外部になす仕事という．したがって，熱を加えられた物体では，

　　　熱の増加＝物体内部の熱エネルギーの増加＋外部仕事 $\cdots\cdots\cdots\cdots$(9)

の関係式が成立し，エネルギーが全体として保存されることにかわりはない．

このときの物体内部の熱エネルギーは，内部エネルギーともよばれる．(9) 式で系の全体で保存則が成立するためには，系の外側との熱の出入りをなくし，熱の増加を 0 とする．これを断熱変化（断熱過程）といい，物体の内部エネルギーの変化と外部仕事との関係が簡単に導き出せる．熱エネルギーも仕事も単位は J であり，この関係式を利用して熱エネルギーを力学的に利用するときの仕事量を計算することができる．

2 熱力学の第2法則

　熱現象では，熱の移動は温度の高いほうから低いほうにしか生じない．経験的に，何らのエネルギーも与えなければ，自然に熱が冷たいほうから熱いほうへ移動しないことがわかっている．熱現象の一方向性は熱力学の基本原理であり，熱力学の第2法則として「他に何らの変化を残すことなく，熱を低温の物体から高温の物体に移動することはできない」と表現されている．第1法則に比べ第2法則は表現が理論的でないような印象を与えるが，第2法則は熱機関の効率限界を与える非常に重要な法則であり，エネルギー保存則と共に，理論的にも物理学のきわめて本質的な法則となっている．

練習問題 （解答は p.105～106）

1. 水 10 g の温度を 20℃から 37℃にするのに必要なおおよその熱量はいくらか．ただし，水の比熱は 4200 J/(kg・℃) とする．

2. 線膨張係数が 1.2×10^5 K^{-1} で長さ 2.0 m の鉄の棒の温度を 10℃増加させたとき，この鉄の棒の伸び〔μm〕を計算しなさい．

3. 27℃の環境に置かれた容積 10 L の密閉された容器に 0.1 MPa（絶対圧）の空気が封入されている．容器が加熱されて空気の温度が 57℃に上昇したとき，容器内の圧力（絶対圧）は何 MPa になるか．ただし，空気は理想気体とする．

4. 組織の両面の温度差が 4℃で，断面積が 10 cm^2，厚さ 5 mm の生体組織を 1 分間に通過する熱量〔J〕はいくらか．ただし，生体組織の熱伝導率を 1.5 J/(m・s・℃) とする．

5. 20℃，100 g の水を 1 分間加熱して 30℃とするために必要な仕事率〔W〕はいくらか．ただし，水の比熱は 4200 J/(kg・℃) とする．

第8章 音波と超音波

Ⅰ はじめに

　私達の身の回りには，目にみえるもの，みえないものなど，いろいろな波があふれている．たとえば，川や池での水の波，自然現象や生物，スピーカーなど人工物から発せられる音の波，携帯電話やアンテナから放射される電波や，太陽や LED の光波，さらに地震のときに伝わる地震波などがあげられる．これらの波はそれぞれ別の現象のようであるが，すべて波としての共通の性質をもっている．波を定義すると，「ある点での震動の様子が，少しずつ遅れて隣の点に伝わる現象」といえる．

　そこでまず，音波と超音波との違いについて考えてみよう．音波は音の波であり，耳できくことのできる空気の振動である．耳に入った空気の振動は鼓膜を震わせ，これが中耳を経由して内耳の蝸牛で聴細胞を動かし，脳内で音として認識される（**図 8-1**）．この聴細胞群はヒトの場合約 20 Hz～20 kHz の振動に対して反応し，これより少ない振動数および多い振動数には反応できない．

　一方，「音波の性質」という概念で考えると，超音波も音波の一種である．超音波は振動が 20 kHz 以上の音波を指し，音を伝搬する媒質の振動がヒトにとって可聴範囲外となったときの振動をいう．

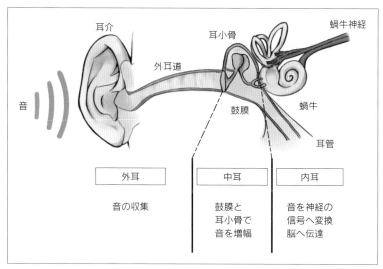

図 8-1　耳の構造と音を伝える仕組み

音波は音の波なので，波の性質である反射や干渉，回折，屈折を起こす．

ここでは，音波と超音波の基本的な性質について学び，音波や超音波が日常生活や医療現場でどのような影響を及ぼしているかについて考えてみる．

Ⅱ 音波の性質

1 音波の発生と伝搬

音が伝わるとき，振動によって媒質（たとえば空気）の変形が起きる．このような波を音波という．楽器で例えると，太鼓を叩いたりギターを弾くと，それらに接した空気が振動し，その振動が波として周りに伝わっていく．また，教室やコンサートホールのスピーカーからも音がきこえたり，ギターなどの弦やリコーダーなどの気柱内に定常波（後述）が発生すると，空気が振動させられ音が発生する．音を発生させる物体を音源（発音体）という．

これら太鼓の膜やスピーカーの振動板と，ヒトの耳（鼓膜）との間にある媒質は空気であり，この音を伝える物質（空気など）を音響媒質（以下，媒質）という．では，どのように音が空気を伝わるかを考えてみる．

太鼓の膜やスピーカーの振動板が振動すると，周りの空気を圧縮したり（押す），膨張したり（引く）しながら，空気の密度が密の部分と疎の部分が交互にできる（**図8-2**）．これが音の発生の原理であり，この現象が繰り返されると空気の振動が空間を伝搬する．このような波（音波）を疎密波という．音は空気など媒質の振動方向と音の伝わる方向が同じ向きとなり，縦波として伝わる（**図8-2**）．

音波は，空気のような気体に限らず，液体，固体のなかも伝わっていくが，その速さは媒質によって異なる（**表8-1**）．しかし，音を伝える媒質がない真

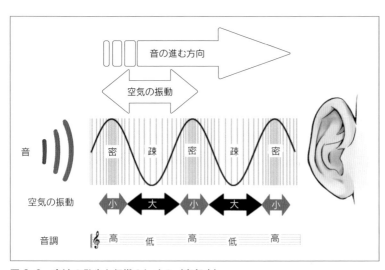

図8-2 音波の発生と伝搬のしくみ（空気中）

縦波と横波

一般に，体積の弾性（物体に力を加えると変形するが，力を除くと元の形に戻る性質）によって生じる弾性波は縦波である．一方，固体でみられるずれに対する弾性で生じる波は，振動が波の進行方向と直交した方向に生じるので横波となる．地震波は，地殻内の振動の伝搬であるが，縦波（P波）と横波（S波）の両方の成分をもっている．

表8-1　様々な媒質中での音速（音の伝搬速度）

	媒質	温度 [℃]	音速 [m/s]	密度 [kg/m³]	体積弾性率 [Pa]
気体 （1気圧）	ヘリウム	0	970	0.18	1.7×10^5
	窒素	0	337		
	空気	0	331.5	1.2	1.4×10^5
	二酸化炭素	0	258〜268.6		
液体	水	23〜27	1,500	10,000	2.2×10^9
	海水	20	1,513		
固体	氷		3,320	900	1.4×10^{10}
	鉄		5,950	7,860	2.2×10^{11}

空中では伝わらない.

　空気中を伝わる音波の伝搬速度（以下，音速）は，気温が高いほど速くなる. 空気中での音速を C [m/s]，気温を t [℃] とすると，

$$C = 331.5 + 0.6t \cdots\cdots (1)$$

となる.（1）式より，たとえば，20℃・1気圧の空気中を伝わる音速は343.5 m/s となる. これは，温度が高くなると，空気を構成している気体分子の速度が速くなり，媒質（空気）中での分子の衝突により音も早く伝わるようになるからである. このように，空気中における音速は，振動数（f）や波長（λ）に関係なく，温度によって決まる. 通常，空気中での音速は，特に温度を考慮しない場合では 340 m/s が用いられる.

　一般に，ヘリウムのように分子量が小さな気体（重さが軽い気体）中の音速は速く，二酸化炭素のように分子量が大きな気体（重さが重い気体）中の音速は空気中の音速より遅い（表8-1）.

　音の波長を λ [m]，振動数を f [Hz] とおくと，音速 C [m/s] は波長 λ と振動数 f との積で表すことができる.

$$C = \lambda \cdot f \cdots\cdots (2)$$

　表8-1 より，水中での伝搬速度は約 1,500 m/s となるので，超音波診断装置で使われている 5 MHz のプローブ（セクタタイプ）から発振される超音波が水中を進行する場合の波長 λ は，

$$\lambda = \frac{C}{f} = \frac{1,500 \text{ m/s}}{5 \times 10^6 \text{Hz}} = 0.0003 \text{ m} = 0.3 \text{ mm}$$

となる.

2　音の3要素

　音の物理的な特徴として，高さ，大きさ，音色があり，これらを音の3要素

弾性体を伝わる波の伝搬速度

力学的な波の速さは，媒質の弾性的性質（運動エネルギーを蓄える）と慣性的性質（位置エネルギーを蓄える）との比で表すことができる. ギターなどの弦を引っ張ったときに生じる弦からの波の速さ v は，弦の張力を τ，弦の線密度を μ とすると，

$$v = \sqrt{\frac{\tau}{\mu}} \left(= \sqrt{\frac{\text{弾性的性質}}{\text{慣性的性質}}} \right)$$

となる. τ の代わりに体積弾性率 E を，μ の代わりに密度 ρ を用いると，媒質（弾性体）中を伝わる伝搬速度 C [m/s] は，

$$C = \sqrt{\frac{E}{\rho}}$$

で表され，波の伝搬速度（音速）を表している.

振動数

振動数とは，1秒間に波の向きが変化する数を表し，単位に Hz（ヘルツ）を用いる. 時間（秒：s）との関係は $Hz = s^{-1}$（1秒の逆数）となっている. 振動数は周波数ともいうが，音の分野では振動数，電磁波や光の分野では周波数と表すことが多い.

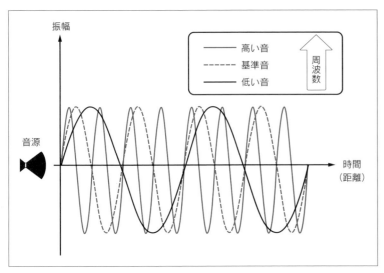

図8-3　音の高さ

という.

1）音の高さ

　音の高さの違いは，音波の振動数［Hz］の違いによる（**図8-3**）．振動数が多いほど高い音としてきこえる.

　音の高さのスケールとしては，音楽で用いられている音階（オクターブ）がある．音階と振動数との関係は，ある音より1オクターブ高い音は振動数が元の音の2倍，2オクターブ高い音の振動数は4倍となっている.

2）音の大きさ

　音の大きさは，振動数が同じであれば，主に音波の振幅の違いとして表される．つまり，振幅が大きい音は圧力変化（密度変化）も大きく，大きな音にきこえる一方，音の大きさが同じでも振動数が違うと大きさは違ってきこえる．これは，ヒトの耳の音に対する感度が振動数によって異なることが原因である．たとえばコンサートホールなどで，高い声（ソプラノ）はよくきこえるが，低い声（バスやテノール）は大きくないときこえづらい.

3）音色

　前述の音の高さ（振動数）と大きさ（振幅）が同じでも，ピアノとヴァイオリンなど異なる楽器では異なった音にきこえる．これは，音波を発生する種類の違い，つまり楽器やヒトの声により音波の波形が異なるため，きこえ方が違うからであり，このような違いを音色という（**図8-4**）.
　音叉や時報の音は，正弦曲線の波形をもち，これを純音という．一方で，楽器の音やヒトの声，騒音などは複雑な波形をしている.

音階（オクターブ）

音階は，1オクターブで1順し，オクターブごとにド・レ・ミ・ファ・ソ・ラ・シ・ドとなる．1オクターブ高い音は振動数が元の2倍，1オクターブ低い音は振動数が元の1/2の関係にある．オクターブは，2つの音の振動数が倍や半分の関係になるため，2音の和音としてはもっともよく調和した音としてきこえる.

音の大きさ

音の大きさ（ラウドネス）はヒトの聴覚が感じる音の強さで，感覚量の一種であり，音圧レベルが40dB，振動数が1kHzの純音の大きさを1soneとする比率尺度と定義している．ヒトの感じる音の大きさが2倍になれば2sone，半分になれば0.5soneと表される．大きさの代わりに，音のエネルギーに基づいた「音の強さ」を音の3要素に入れることもある．同じ高さの音で比較すると，振幅が大きいほど音の強さは強い.

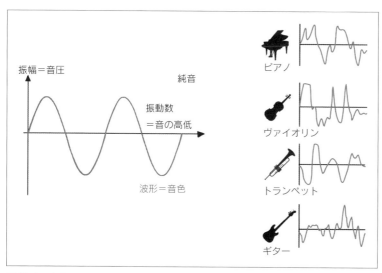

図 8-4　音色

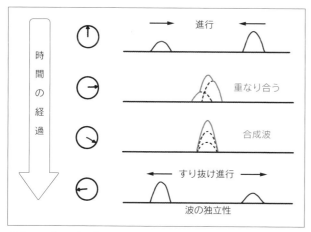

図 8-5　音の重ね合わせ

3　音の重ね合わせ

　1つの媒質に2つの波が伝わるとき，それぞれの波の変位を加えることができる．これを重ね合わせの原理といい，重ね合わさってできた波を合成波，この現象を波の干渉という．波の干渉は，同じ性質の波であれば，音波に限らず，電磁波や光などでも現れる（後述）．同じ箇所で重ね合わさった後は，それぞれの波はお互いに変化を与え合わないので，何事もなかったようにその場所を離れてそれぞれの波は進む（**図 8-5**）．このことを波の独立性という．重ね合わせの原理は経験的事実であり，証明することはできない．

　波長（周期），振幅が互いに等しい2つの音波が左右から進んでくるとき，これらの波が干渉すると，重ね合わせの原理により，その合成波は定常波となる（**図 8-6a**）．この定常波は，振幅が元の2倍になる場所（腹）と，振幅がキャンセルされて0になる場所（節）が一定の位置で振動する（止まってみえ

 重ね合わせの原理

波の重ね合わせの原理は，2つの波 y_1，y_2 が左右から同時に進んできたとき，そこに y_1+y_2 と表せる波が生じることを表している．一般的に，重ね合わせの原理は実験的な現象を説明することはできるが，衝撃波や津波のように振幅の大きな波には成り立たないことがわかっている．式 y_1+y_2 は，波の振幅が波長に比べて十分に小さいと近似した場合に成り立つ．

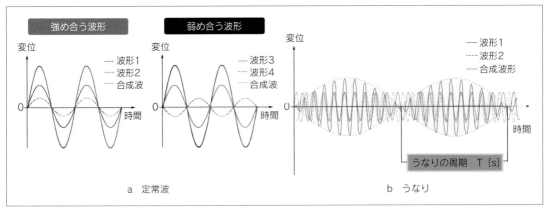

図 8-6　波の干渉（定常波とうなり）

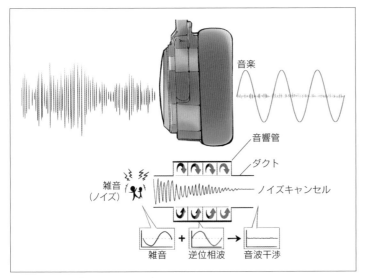

図 8-7　ノイズキャンセリング

ノイズキャンセリング（図 8-7）

ノイズキャンセリングとは，ヘッドフォンなどで使われている，音を除去する技術である．音を消すためにはいくつか方法があるが，元の音より大きな音を出してきこえなくするのではなく，消したい音の波と真逆の形の波（音の成分に対し逆位相の音）を発生させ，聞きたいオーディオ信号と同時に出力することでお互いの大きさを相殺し，その結果ノイズを低減させている．ノイズキャンセリングの方式には，パッシブ・ノイズキャンセリングとアクティブ・ノイズキャンセリングがあり，後者は現在さまざまなヘッドフォンなどに使われているデジタル処理（逆位相の波を発生させること）によって外部の音を打ち消す仕組みを用いている．

る）．一方，波が重なり合って新しくある方向に進んでいくものを進行波という．

　振幅が等しく，波長（振動数）がわずかに異なる波が重なると，波の腹や節は時間とともにその位置が変化して，新しくできた波が進行する．この現象をうなりという（**図 8-6b**）．うなりの具体例としては，振動数がわずかに異なる音叉を同時に鳴らすと，「ウォン，ウォン…」という音が周期的に強まったり弱まったりして繰り返されてきこえる場合などがあげられる．2 つの音源（音叉）によって，1 秒当たりに生じるうなりの回数 f [Hz] は，それぞれの音叉の振動数 [Hz] を f_1, f_2 とすると，

$$f = |f_1 - f_2| \quad\cdots\cdots\cdots\cdots\cdots\cdots\cdots\cdots\cdots\cdots\cdots\cdots(3)$$

と表すことができる．つまり，うなりの振動数は 2 つの音波の振動数の差で表

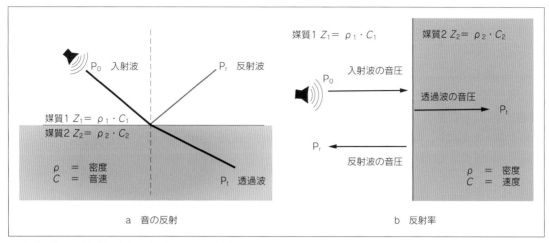

図8-8　音の反射（音響インピーダンス・反射率）

すことができる.

4　音波の反射

　音波は反射の法則にしたがい,「入射角＝反射角」が成り立つ. たとえば, 大きな壁の前で音を立てると (手を叩くなど), はねかえってきた音がきこえることがある. これは, 空気を伝わった音が, 壁という異なった弾性体 (弾性率)の媒質へ伝搬する過程で反射したために起こる現象である. 山に向かって叫んだ声が返ってきたり, イルカやコウモリなどが人間の耳にきこえない超音波を出し, その反射音をきくことで障害物までの距離や方向を測るのも反射を利用している.

　音波がある媒質から別の媒質に伝わるとき (媒質の境界), 伝達のしにくさ(しやすさ) を表す指標として固有音響インピーダンスが定義されている. 固有音響インピーダンス Z は, 2 つの媒質の密度 ρ [kg/m^3] と, 媒質を伝わる音速 C [m/s] の積によって決まり,

$$Z = \rho \cdot C \cdots\cdots\cdots\cdots\cdots\cdots\cdots\cdots\cdots\cdots\cdots(4)$$

として表される (**図 8-8a**, 単位は [kg/m^2・s]).

　音波は, 固有音響インピーダンスの異なる媒質の境界で反射する. 固有音響インピーダンスの値が極端に大きくなる界面では, 音波は終端で圧縮され, 音の進行方向と逆方向の力を受けることで, 位相の反転した波が反射波として戻ってくる. 一方, 固有音響インピーダンスが非常に小さくなる界面では, 媒質の末端での膨張が反射として戻ってくるので位相の変化は現れない. 音波は, 固い壁で反射するだけでなく, 壁から空気へ伝わるとき, 空気から水へ伝わるときなど, 密度の異なる媒質へ進むときに反射する. また, 固有音響インピーダンスの異なる媒質の境界に音波が垂直に入射した場合, 音圧の反射率 R_p

> **固有音響インピーダンス**
> 固有音響インピーダンスは, 音響特性インピーダンス, 媒質の特性インピーダンスなどともよばれる. また, 音響インピーダンスと略されることもある. 固有音響インピーダンスは「媒質のある断面の音圧と体積速度の比」として定義される物理量である.

は，

$$R_{\mathrm{p}} = \frac{Z_2 - Z_1}{Z_2 + Z_1} \quad \dots \dots \dots \dots \dots \dots \dots \dots \dots \dots \dots (5)$$

と表される（**図 8-8b**）．

5　音波の屈折と回折

　ある幅をもった音波が，固有音響インピーダンスの異なる界面へ斜めに伝搬すると進行方向を変える（**図 8-9**）．そのとき，入射した音波の AB 面が境界面に達すると，点 A に近い方から順々に屈折していく．これは，音波が斜めに伝搬してきたため，境界面に達する進入時間に差が生じることと，音速が変化することで起きる現象である（**図 8-9**）．ある幅 AB をもった音波が，音速 C_1 の媒質 1 から音速 C_2 の媒質 2 に伝搬し，音波の一方の A 端は媒質 1 と媒質 2 の境界面に達するが，B 端では音波はまだ境界面に達していない．時間 t が経過して端 B が B′ に到達したとき，端 A での音波は A 点を音源として音速 C_2 で拡がり，媒質 2 のなかで音波の波面は A 点を中心として $C_2 \cdot t$ だけ進行する．音波の中央部でも同様に，$C_2 \cdot t/2$ だけ進行する．媒質 2 の中では，波が伝わった境界面の各点から波が合成され，新しい波となる．したがって，媒質 2 に入った音波は，新しい波面の方向へと向きを変えることとなる．これはホイヘンスの原理とよばれ，波の反射や屈折，回折に共通する現象を理解するときの根拠となる（**図 8-10**）．

　前述したように，音波は音速が異なる媒質間の境界で屈折するが，同様に，空気の温度が場所によって異なった空間でも，音波はまっすぐに伝わらず屈折する．これは，空気の温度により音速が変化するためである．たとえば，日中は地表付近の気温が高くなるため，音波は上向き（上空）に屈折させられ，遠

ホイヘンスの原理

一般に，媒質中を進行する波の山と山，谷と谷のように，同じ状態である点を連ねた面を波面といい，波面が平面や直線になる波を平面波，波面が球面または円になる波を球面波という（**図 8-10**）．
媒質中での波面の進み方について，ホイヘンスは波面は無数の波源の集まりであると仮定し，波面の各点からは波の進む前方に素元波（球面波）が出て，これらの素元波に共通に接する面が，次の瞬間の波面になると説明した．つまり，空間を伝わる波の素元波は球面波となり，これら素元波のすべてに接する面（包絡面）が新しい波面となる．

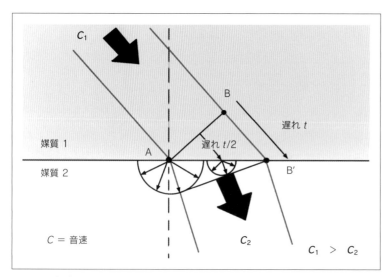

図 8-9　音波の屈折

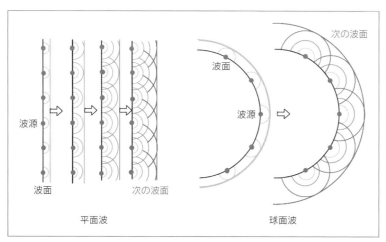

図 8-10　ホイヘンスの原理

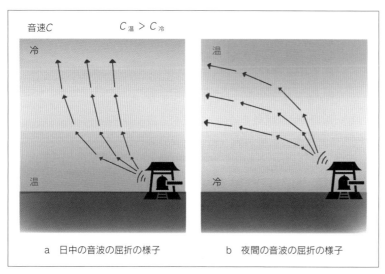

図 8-11　温度による屈折の違い（地表と上空の温度が異なる場合）

方まで届きにくい（図 8-11a）．しかし，夜になって地表に近いほど気温が低くなると，上空に進むにつれ音波の進行方向が曲げられ遠くの地表に届く．したがって，晴れた冬の夜などは遠くの音がきこえるようになる（図 8-11b）．

　大気中の音波は波長が長いので回折が起こりやすい（振動数を 20 Hz～20 kHz，音速を 340 m/s とすると，波長は 17 cm～17 m）．この波長は身の回りにある障害物（壁など）の大きさと同じぐらいなので，あらゆる方向に拡がっていく（図 8-12）．このように，音源と観測者の間に障害物があっても，障害物の大きさが音波の波長よりも大きくない場合には音をきくことができる．たとえば，人の声は話している人の後ろでもきけたり，音波が伝わる間に建物や塀などがあっても，音はその端の部分で回折して回り込むので遮られることはない．

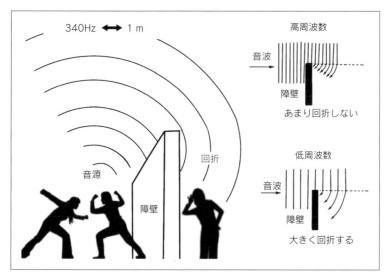

図8-12　音波の回折

Ⅲ 超音波の性質

　超音波は音波の一種であり，一般に 20 kHz をこえる「人間の耳にきこえない音（可聴範囲以外の音）」とされている．医療では，組織を破砕・凝固する目的で数 10 kHz 程度の振動をメス先に伝えて使用する治療装置（超音波吸引装置，超音波凝固切開装置など）や，1 MHz 以上の振動数を利用して体内臓器の診断に用いる超音波診断装置がある．ここでは，超音波の特徴について，前述した音波の性質を元に，医療における応用例を含めて説明する．

1 超音波の減衰

　超音波は，気体，液体，固体などの媒質中を伝搬するが，真空中では伝わらない．また，光（電磁波）が透明な媒質中を伝わるのに対し，超音波は光の通らない媒質中でも伝搬する．媒質の種類（密度の大きさ）により音波の伝わりやすさが異なり，気体＜液体＜固体の順で伝搬効率が高くなり，音速も速くなる．空気中の音速は約 340 m/s だが，水中では約 1,500 m/s となる（**表8-2**）．

　超音波が媒質中を伝搬する間に（距離が長くなるにしたがい）音圧が小さくなっていくこと（エネルギーが失われること）を減衰とよぶ．エネルギー損失の原因は，音響エネルギーの一部が媒質を動かすエネルギーに使われるためである．たとえば，超音波が水や生体組織に吸収されると，音圧の振幅が吸収や散乱により減少する．また，圧力の変化に対して密度の変化（物質の変形）が遅れて発生することでもエネルギーの一部は損失する．

　減衰の程度は媒質の種類によっても変化するが，音波の振動数にも依存し，振動数が多いほど減衰率が高くなる．つまり超音波は，可聴音より短い距離しか伝わらない．

表 8-2　各媒質の音速，密度，固有音響インピーダンスおよび減衰定数

媒質	音速 [m/s]	密度 [kg/m³]	固有音響インピーダンス [10^6 kg・m^{-2}・s^{-1}]	減衰定数 [dB/(cm・MHz)]
空気中	340	1.29	0.0004	10
水中	1,530	1,000	1.5	0.002
脂肪	1,460〜1,470	920	1.35	0.6
肝	1,535〜1,580	1,060	1.64〜1.68	0.9
筋	1,545〜1,630	1,070	1.65〜1.74	1.5〜2.5
骨	2,730〜4,100	1,380〜1,810	3.75〜7.38	14
銅	5,000	7,700	39	
アルミニウム	5,200	2,700	14	
溶融石英	4,400	2,700	12	

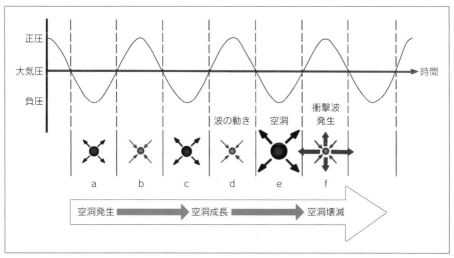

図 8-13　キャビテーション発生のメカニズム

2　超音波の直進性

　音波は均質な媒質中では直進し，音速が異なる媒質との境界面で反射する（4 音波の反射，p.69 参照）．この性質を利用して，超音波は魚群探知機や医療用診断装置に応用されている．

　超音波は可聴音に比べ指向性が鋭く，振動数が高いほど鋭くなる．言い換えると，波長が短いほど直進性がよいことになる．この直進性を利用し，医療用診断装置ではピンポイントでの描出が可能になり，細部までみることができるようになる．

3　キャビテーション

　キャビテーション（空洞現象）とは，超音波のエネルギーにより，液体中でごく短時間に気泡の発生と消滅が起きる現象を指す．超音波のピーク音圧が大

超音波洗浄のメカニズム

メガネショップの店頭などで目にする超音波洗浄装置では，超音波洗浄にいくつかのメカニズムがあるといわれているが，そのなかでもキャビテーションの作用が大きな役割を果たしている．図 8-13 に示したように，液体の圧力が下がることで沸点が下がり（ボイル・シャルルの法則），液体中（水中）の気圧が飽和水蒸気以下になると水蒸気による気泡が発生する．この負圧で生じた気泡は，圧力が高くなると消滅し，大きな衝撃波が発生する．このような衝撃波が洗浄に利用されている．

気圧より低い場合，液体中（水中）の気泡の振動は圧力の変化にしたがい，負圧の半サイクルで気泡が膨張し（**図 8-13a**），続く半サイクルで気泡は圧縮され不安定となる．つまり，音波のピーク圧力が増加することで，気泡（空洞＝キャビティ）は圧縮時に不安定となり，破滅的に潰れる（**図 8-13b**）．このように，空洞は音圧の正圧・負圧の変化が非常に短い時間で繰り返されることにより次第に成長し（**図 8-13c→d→e**），空洞が振動して潰れたときに強い圧力波（衝撃波）が発生する（**図 8-13f**）．

　医療に用いる場合，超音波の音圧が大きくなると，肺や腸，造影剤内でキャビテーションが発生し，衝撃波による組織断裂など，組織に機械的・局所的なダメージを与える可能性が高くなる．したがって，超音波診断装置で用いられる超音波の音圧レベルは，生体組織にダメージを与えない大きさに上限が設けられている．

練習問題 （解答は p.106）

1. 可聴域の音波の振動数［Hz］はどの範囲にあるか．

2. 音の 3 要素とは何か．

3. 音波について誤っているのはどれか．
   1) 空気中の音速は気温が高くなると遅くなる．
   2) 気体中は縦波で伝搬する．
   3) 波長が短いほど指向性が高い．
   4) 振動数が少ないほど媒質中で減衰しやすい．
   5) 固有音響インピーダンスは媒質の密度と音速の積に等しい．

4. 水中を伝搬する 15 MHz の超音波の波長はいくらか．ただし，水中の音速を 1,500 m/s として計算せよ．

第9章 光

光

1 電磁波と光

　この章では，電磁波（電波）は目にみえない現象であることを前提に，電磁波の一種である光やレーザー光を理解するための基礎となる知識を身につけていく．身の回りで用いられている電磁波は，携帯電話や無線，テレビ・ラジオなどの情報をやりとりする手段として，また，電子レンジのマイクロ波など，エネルギー源として用いられているが，目でみたり，耳できいたり，手で触ったりすることができない．

　電磁波は，電界Eと磁界Hが時間的に振動しながら空間中を伝搬する横波の一種であり，真空中でも伝搬する．また，進行方向に対して，電界Eと磁界Hの振動の方向が互いに直交して伝搬する（**図 9-1**）．電磁波の1周期の長さを波長λ［m］といい，電磁波の特性はこの波長によりいろいろ変化する．

　電磁波である光は，真空中をおよそ3.0×10^8m/s で伝搬するが，物質中では屈折率分の1（$1/n$）に変化する．真空中の光の速度をc［m/s］，物質中の光の速度をv［m/s］とおくと，屈折率nは，

$$n = \frac{c}{v} \cdots\cdots\cdots\cdots\cdots\cdots\cdots\cdots\cdots\cdots\cdots\cdots(1)$$

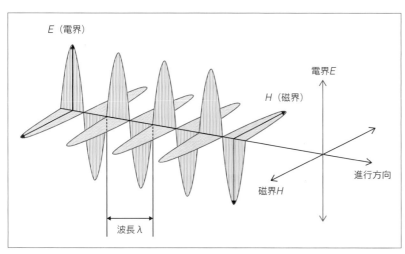

図 9-1　電磁波の概念

と表すことができる．身の回りの物質の屈折率はほとんど1より大きいため，光が空気から物質に伝搬した場合，物質中で光の速度は遅くなる（後述）．（1）式で示した物質中の光の速度を v [m/s]，波長を λ [m]，周波数を ν [Hz] とおくと，

$$v = \frac{c}{n} = \lambda \cdot \nu \quad \cdots\cdots\cdots\cdots\cdots\cdots\cdots\cdots\cdots\cdots\cdots\cdots\cdots(2)$$

と表され，波長 λ [m] と周波数 ν [Hz（＝1/s）] には反比例の関係がある．

2　光の性質

　光は，電磁波の一種であるため，波（波動）としての性質をもつとともに，光子（粒子）としての性質ももつ．これを光の二重性という．ここでは，光の波長と色の分類について，また光の波動特有の現象である反射，屈折，散乱，分散，干渉，回折について説明する．

1）光の波長と色

　光の波長による分類法はいろいろあるが，標準的に用いられている国際照明委員会（CIE：Commission internationale de l'éclairage）に準拠した分類を示す（図9-2）．ヒトの目でみえる光（可視光）の波長帯域は，光の強さや観測者の条件により変化するが，約400〜780 nm（4.0×10^{-7}〜7.8×10^{-7}m）を異なる色として認識する(色としての定義は後述)．可視光より短い波長の光を紫外光（紫外線）といい，波長の長いほうから UV-A，UV-B，UV-C となる．一方，可視光より長い波長の光を赤外光（赤外線）といい，波長の短いほうから IR-A（近赤外），IR-B（中赤外），IR-C（遠赤外）となる．

<aside>
光子のエネルギー

光の周波数（振動数）を ν [Hz]，波長を λ [m]，光の速度を c [m/s] とすると，光子のエネルギー E [J] は（1）式より，

$$E = h\nu = h\frac{c}{n\lambda} \quad \cdots(3)$$

と表される．ここで，比例定数 h はプランクの定数である．（3）式より，波長 λ が短ければ短いほど，周波数 ν が高ければ高いほど，光子のエネルギー E は高くなる（図9-2）．
</aside>

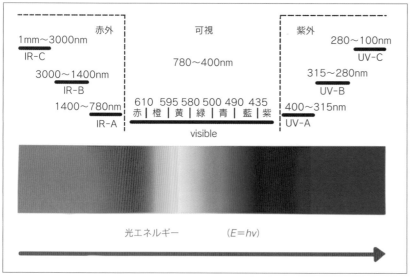

図9-2　光の波長による分類

太陽光や電球や蛍光灯の光は，いろいろな波長の光を含んでいて，これらを白色光とよぶ．太陽光などの光源から出た白色光をプリズムに入れると，連続的な光の帯（スペクトル）に分けることができる（後述）．対してレーザー光（後述）やナトリウムランプ（オレンジ色）の出す光は特定の波長（周波数）のみの光であり，単色光とよぶ．単色光は，赤なら赤一色，青なら青一色の波長の波しか含まず，プリズムなどによって分光されることはない．

2）反射・屈折

光は波の性質をもつことから，同じ媒質中では直進するが，異なる媒質の境界面では一部の光は反射し，一部の光は屈折する．これは，反射の法則や屈折の法則にしたがった現象である．たとえば，光沢のある金属平板に光が入射角 θ で入射すると，反射角 θ' で反射し（**図9-3a**），

$$\theta = \theta' \quad\text{..(4)}$$

となる（反射の法則）．このような反射を正反射という．金属表面は一般に反射率が高く，光沢がある場合，90％以上で正反射が起きる．

また，光の反射は，透明な物質と透明な物質との境界面でも起き，これをフレネル反射という（**図9-3b**）．たとえば，屈折率 n_1 の透明物質1（空気）中を進む光が，屈折率 n_2 の透明物質2（水）に入射角 i で入射した場合（$n_1 < n_2$），境界面で反射が起こり，正反射と同様に入射角 i と反射角 i' は等しくなる．また，一部の光は透明物質2（水）に入ると，光は曲げられ屈折する．屈折角を r とすると，入射角 i との間には，

$$\frac{\sin i}{\sin r} = \frac{n_1}{n_2} = n_{12} \ (=\text{一定}) \quad\text{..(5)}$$

という関係が成り立つ．（5）式は屈折の法則（スネルの法則）といわれ，入射角 i と屈折角 r との大小関係が屈折率の大小関係の逆になっている．また，n_{12}

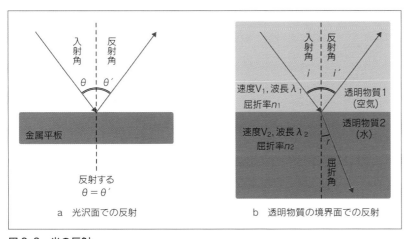

a 光沢面での反射
b 透明物質の境界面での反射

図9-3 光の反射

は透明物質1（空気）に対する透明物質2（水）の相対屈折率という.

また屈折とは，**図9-3b** のように両物質中の光の速度が異なることにより光の進行方向が変化する現象ともいえることから，屈折率は波長によっても変化し，透明物質1（空気）と透明物質2（水）の光の速度を v_1，v_2，波長をそれぞれ λ_1，λ_2 とおくと，(1) 式より，

$$n_{12} = \frac{v_1}{v_2} = \frac{\lambda_2}{\lambda_1} (=一定) \cdots\cdots\cdots\cdots\cdots\cdots\cdots\cdots (6)$$

という関係が成り立ち，屈折率の大きな物質（ここでは透明物質2の水）ほど，光の速度が遅くなることがわかる．コップに入れた水などの液体中にストローを入れると，水中のストローからの光は，水と空気との境界面（水面）で光の屈折を起こし（光の速度が変わり），ストローが折れ曲がったようにみえる（**図9-4**：人はストローからの光がまっすぐ届いていると思っている）．お風呂の中に入れた指が短くみえるのも，コップの中のストローと同じく，お風呂のお湯と空気との境界面で光の屈折が起こっていることによる．

次に，透明物質2（水やガラス）［＝屈折率が大きな物質］から透明物質1（空気）［＝屈折率が小さな物質］に光が進む場合は，屈折角 r は入射角 i より大きくなる（**図9-5**）．入射角を i_1，$i_2\cdots$ と大きくしていくと，屈折角は r_1，$r_2\cdots$ と大きくなり，ある入射角 i_c で屈折角 r_c が $90°$ となり，それより大きい入射角の光は屈折して進むことができず，すべて反射される（全反射）．このときの入射角 i_c を臨界角といい，光ファイバはこの原理を利用して光をコアの中に閉じ込めて伝搬させている（**図9-6**）．このように，光が屈折率 n の物質から屈折率の小さい空気中へ入射するとき，(6) 式より $n_{12}=1/n_{21}$ という関係が成り立つため，

$$\frac{1}{n} = \frac{\sin i_c}{\sin 90°}$$

■ 相対屈折率と絶対屈折率

物質1に対して，物質2（本文の例では，空気に対する水）の屈折率を相対屈折率といい「n_{12}」と表す．また，真空に対するある物質の屈折率を絶対屈折率という．一般に，空気の屈折率は真空の屈折率とほぼ同じであるため（**表9-1**），空気に対する屈折率を一般に屈折率と表すことが多い.

表9-1　身の回りの代表的な物質の屈折率（参考：理科年表）

物質	屈折率	備考
空気	1.0003	0℃，1 atm
水	1.3334	20℃
エタノール	1.36	
合成石英	1.4589	光学ガラスの1種，SiO_2 のみ
食用油※	1.466~1.476	
パラフィン油	1.48	
ベンゼン	1.50	
BK7	1.517	光学ガラスの1種
ダイヤモンド	2.4202	

波長 5.893×10^{-7}m の光に対する屈折率.
※ JAS 規格値より.

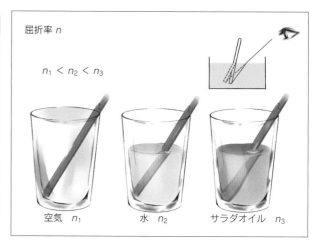

屈折率 n

$n_1 < n_2 < n_3$

空気　n_1　　水　n_2　　サラダオイル　n_3

図9-4　コップの中での光の屈折

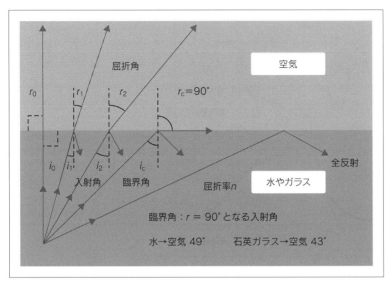

図 9-5　光の全反射

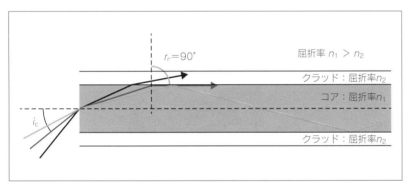

図 9-6　光ファイバの伝送原理

$$\therefore \sin i_c = \frac{1}{n} \quad \cdots\cdots\cdots\cdots\cdots\cdots\cdots\cdots\cdots\cdots\cdots\cdots\cdots\cdots\cdots (7)$$

となる．全反射のときも反射の法則は成り立ち，入射角と反射角は等しくなる．

3) 散乱

　光は，空気中のほこりや塵などの微粒子にあたると周囲に広がっていく．これは，光の波長と同じくらいの大きさかそれよりも小さな粒子にあたった場合に起きる散乱現象で，レイリー散乱とよぶ．微粒子にあたったときに散乱される割合は，波長が短いほど大きい（**図 9-7**）．空の色（可視光領域）で考えると（**図 9-8**），波長の短い青の光の方が散乱されやすいため地上まで届かず（昼間空が青くみえる：**図 9-8a**），波長の長い赤の光はあまり散乱されず直進する（夕日が赤くみえる：**図 9-8b**）．

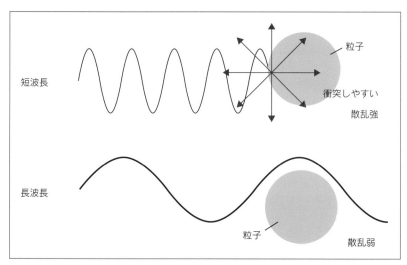

図9-7 レイリー散乱（波長の違い）

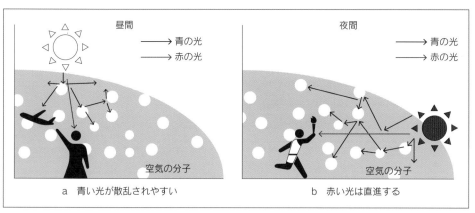

図9-8 レイリー散乱（空の色の違い）
（参考：国立科学博物館．https://www.kahaku.go.jp/exhibitions/vm/resource/tenmon/space/earth/earth03.html)

4）分散

　光は波長（色）によって屈折率が異なる（(6) 式）．光の分散とは，屈折によっていろいろな波長（色ごと）に分かれることをいう（**図9-9**）．太陽光などの白色光（いろいろな波長を含んだ光）がプリズムを通ると（空気→プリズム→空気），波長の違い（色の違い）によって進む方向が分かれる．つまり，波長の短い紫色や青色は屈折率が大きいため，プリズムから空気中に出てくるときに大きく曲げられる．プリズムの屈折によって，波長ごとに分かれたものをスペクトルという．

> **プリズム**
>
> プリズムとは，ガラスなどでできた三角形の角柱の光学素子で，光を分散させ，スペクトルを得ることができる．

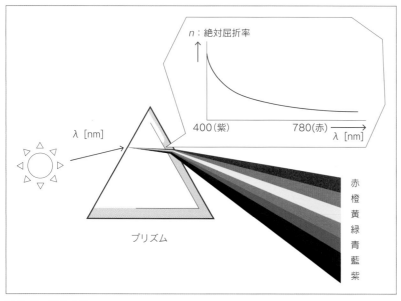

図 9-9　光の分散

5）偏光

　海面（水面）や雪面からの光の反射がまぶしいときに，サングラスやゴーグルを使うと，水面などからの反射光が弱まる．水面や雪面から反射した光は，特定方向の振動面の（軸）をもった光（偏光）を多く含むため，この方向の光を通さないような仕組みでサングラスやゴーグルが作られている．このような仕組みをもつプラスチックやガラスなどでできた板を偏光板といい，サングラスなどの他，カメラなどのフィルタや 3D メガネなどに利用されている．

　太陽光や電球などの光（白色光）には，さまざまな方向の振動面をもつ光が含まれているのに対し，水面や雪面からの反射光は，波の振動面がある特定方向に偏った光，偏光として伝搬する．360°ランダムに振動する太陽光などが偏光板を通過するとき，偏光板にあるスリット状構造（偏光軸）により，スリットに平行な波は透過するが，スリットに直交する波は吸収され透過しない．つまり，偏光板を通過することによって，振動方向が偏光板の軸と平行な成分の光だけになる（**図 9-10**）．また，斜めに振動する波は，スリットと平行方向に相当する成分は透過するが，直交方向に相当する成分は吸収される．したがって，理論上は 50%の光が通過することになる．一方，2 枚の偏光板を光が通るとき，2 枚の偏光板の偏光軸（透過軸）方向が同じであれば，1 枚目の偏光板を通過した偏光は 2 枚目の偏光板も通過するため明るくみえる（**図 9-10**）．一方，2 枚目の偏光板の偏光軸が 1 枚目の偏光軸に対して直交している場合，1枚目を通った光は 2 枚目の偏光板を通過することはできないため，向こう側がみえず暗くなる（**図 9-10**）．

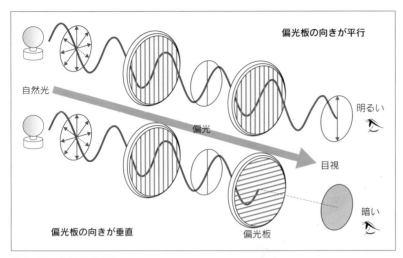

図9-10　偏光の仕組み

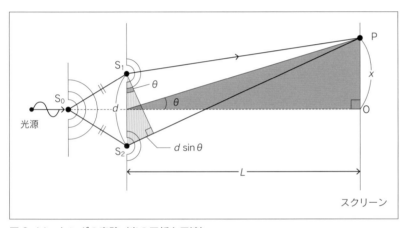

図9-11　ヤングの実験（光の回折と干渉）

6）回折と干渉

　光は，波としての特徴である回折や干渉の現象を起こすが，波長が短いため，自然光のなかでは観察されにくい．これら光の回折や干渉を証明したのがヤングの実験である．まず，**図9-11**を用いてヤングの実験の概要（光源やスリット，スクリーンの配置など）を説明する．

　光源（単色光）から出た光（光波）は，光源の右側にある1つめのスリットS_0（単スリット）を通る．その右側（光源からみて後ろ側）に2つのスリットS_1，S_2がある（二重スリット，または複スリット）．ここで，S_0とS_1間，S_0とS_2間は等距離である．また，S_1からS_2までの距離をd[m]とする．これらS_1，S_2のさらに右側（光源からみてS_1，S_2の後ろ側）に距離L[m]離れてスクリーンがあり，S_0を通る水平線がスクリーンと交わるところを点Oとする．このスクリーンに光を映し出すのがヤングの実験である．なお，スリットS_0，S_1，S_2

ヤングの実験

トーマス・ヤング（1773～1829）はイギリスの物理学者．ヤングの実験（ヤングの二重スリット実験，ヤングの干渉実験などよび方はいろいろある）により光の波長を求め，光が波である（波動説）ことを知らしめた．

の幅は非常に狭いものとする.

　光源から出た光（光波）がスリット S_0 を通るとき，S_0 を波源とした波が同心円状に拡がる，という波特有の現象がみられる．このように，スリット S_0 からいろいろな方向に光が拡がる現象を回折という．同様に，S_1，S_2 を波源とした光も回折する．ここで，S_0 と S_1 間，S_0 と S_2 間は等距離であるため，S_1，S_2 に届いた光は同位相であることがわかり，S_1，S_2 は同位相の光を通す 2 つの波源であるといえる.

　次に，スクリーン上にとった点 P は，点 O から x [m] 離れた場所の点とし，スクリーン上でどのような光の干渉が行われるかを考える．ここで条件として，S_1 から S_2 までの距離 d [m] や点 O からの距離 x [m] は，S_1，S_2 からスクリーンまでの距離 L [m] と比べて非常に小さいものとする.

$$d,\ x \ll L \cdots\cdots\cdots\cdots\cdots\cdots\cdots\cdots\cdots\cdots\cdots\cdots(8)$$

　また，スクリーン上の点 P における干渉は，2 つの波源 S_1，S_2 との距離の差 $|S_1P-S_2P|$ によって起こることになる．ここで，(8) 式より θ の値も十分小さいことがわかり（$\theta \approx 0$），S_1P と S_2P は，

$$S_1P /\!/ S_2P \cdots\cdots\cdots\cdots\cdots\cdots\cdots\cdots\cdots\cdots\cdots\cdots\cdots(9)$$

となる（S_1P と S_2P はほぼ平行であるとみなせる）.

　そこで，距離の差 $|S_1P-S_2P|$ を求めると，S_1 から S_2P に垂直に下ろした線と S_2 とで囲まれた部分は，斜辺 d [m] の直角三角形となることから，距離の差 $|S_1P-S_2P|$ は，

$$|S_1P-S_2P| = d \sin\theta \cdots\cdots\cdots\cdots\cdots\cdots\cdots\cdots\cdots\cdots(10)$$

と表すことができる．また，θ の値が十分に小さいことから，(10) 式は，

$$|S_1P-S_2P| = d \sin\theta \approx d \tan\theta = d\,\frac{x}{L} \cdots\cdots\cdots\cdots\cdots\cdots(11)$$

と表すことができる．ここで，光の経路差が波長の整数倍，つまり $d \cdot x/L$ が光の半波長 $\lambda/2$ の偶数倍か奇数倍になるかどうかで，スクリーン上の点 P の干渉条件が定まることがわかる．したがって，スクリーン上の位置 x が明線・暗線になる条件は，

$$x = m\,\frac{L\lambda}{d}\ (m=0,\ \pm 1,\ \pm 2\cdots)\quad 明線の位置 \cdots\cdots\cdots\cdots\cdots(12)$$

$$x = m\,\frac{L\lambda}{d} + \frac{1}{2}\ (m=0,\ \pm 1,\ \pm 2\cdots)\quad 暗線の位置 \cdots\cdots\cdots\cdots(13)$$

となる（m は次数（整数））．実際にヤングの実験（二重スリット）を行うと，2 つのスリット S_1，S_2 からスクリーンに到着した波の位相が同じ場合明線が生じ，位相が異なる波が重なる場合は暗線が生じる（**図 9-12**）.

　ここで，干渉じまの間隔（隣り合う明線（暗線）の間隔）は，

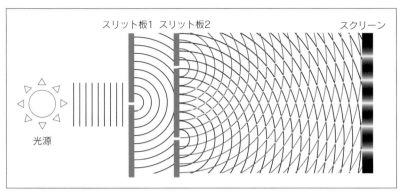

図9-12　光の干渉

$$\Delta x = (m+1)\frac{L\lambda}{d} - m\frac{L\lambda}{d} = \frac{L\lambda}{d} \quad \cdots\cdots\cdots\cdots\cdots\cdots\cdots\cdots (14)$$

となり，Δx [m]，d [m]，L [m] を測定することで，光の波長 λ [m] を求めることができる．

3　光と物体の色

　果物のリンゴやイチゴは何色？　ヒマワリの花は何色？　ときかれたら何と答えるだろうか．いろいろな品種があるのは別として，リンゴやイチゴは赤色，ヒマワリの花は黄色と答える人が多いだろう．リンゴやイチゴの表面は赤色になっていて，ひまわりの花の表面は黄色になっている，と思い込んでいる人が多いのではないだろうか．では，電気を消し真っ暗にした部屋のなかで，リンゴは赤くみえるだろうか．月夜の明かりなどがない夜中，畑に咲くヒマワリの花は黄色くみえるだろうか．

　実は，リンゴやイチゴが赤くみえるのは，光（可視光）がそれらを照らし，リンゴやイチゴの表面で反射された光が眼に入ることで，ヒトは「視覚」という眼と脳の機能によって色を認識しているためである．つまり，照明光のような光（可視光）があってはじめて「色」が認識される（**図9-13**）．

　それでは，本当に"物に色がついていない"ということを証明できるだろうか．

　ヒトが色をみるときには，太陽光やランプなど光源（照明光）が物体を照らす光源色，光源からの光を受けた物体そのものが示す物体色，そしてヒトの眼の光に反応する感度の3つの要素が関係している．つまり，感度以外の要素である色で考えると，光源色と物体色の2つに分けられる（**図9-14**）．光源色とは，光源（照明光）からの光が直接眼に入射して視細胞を刺激することによって認識される色である．一方，物体色とは，光源（照明光）からの光が物体にあたり，その物体特有の波長ごとの反射特性（または透過特性）の影響を受けた光が眼に入射し，視細胞を刺激することによって認識される色である（**図9-14**）．

 眼と脳の機能

照明光からの光が物体にあたると反射し，その反射光が眼に入ってくる．ヒトの眼は，網膜上に分布している視細胞で光のエネルギーを感じとっている．眼に入った光（可視光）によって刺激を受けた視細胞（明るさに反応する錐体と暗さに反応する杆体の2種類と，波長に感度依存性のある3種類の錐体）から，刺激の大きさに応じた信号が脳へ送られることで，脳が物の形や色を認識している．眼についての生理的な機能の詳細は，最新臨床検査学講座　生理学，p.100〜105を参照のこと．

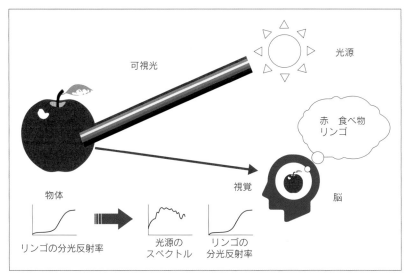

図 9-13　物の色とは

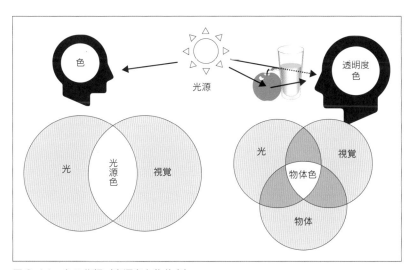

図 9-14　色の分類（光源色と物体色）

　光源色は，光源である光（照明光）と視覚の2つの条件だけで成り立っている．たとえば，スマートフォンのカメラ機能で使われている LED ライトは白っぽい色，トンネル照明などによく使われるナトリウムランプはオレンジ色，街頭の夜間照明などに使われる水銀ランプは青白い色など，光源の種類によってみえる色が異なることは日常生活のなかでも経験している．これらの色の違いは，光源の種類によりその光がもつ分光分布（波長ごとのエネルギーの強さ）が異なることで生じる．つまり，ヒトの視細胞（錐体）への刺激感度が異なるため，色が違ってみえることになる．

　一方，物体色の場合，たとえば同じ太陽の下で，リンゴとヒマワリの花は異

なった色にみえる．これは，光源（太陽光）からの光が物体の表面にあたって反射するとき，特定の波長の光は反射し，その他の波長の光は吸収されるためである．この特性（分光反射率特性）が物体の種類によって異なるため，同じ光源からの光があたった場合でも，物によって色が違ってみえることになる．

　以上から，物の色は，光源の特性（分光分布）と物体の特性（分光反射率または分光透過率）と眼（視細胞）の特性の組み合わせによって決まるということになる．

分光反射率特性

物体がどの波長の光をどれだけ反射するかをグラフに表したものを分光反射率特性といい，分光反射率曲線ともいう．グラフの横軸は波長，縦軸は光の反射率を表しており，物体が反射する波長の光やその強さを知ることができる．いわば物体の「色のプロフィール」といえる．

4　光の3原色と色の3原色の違い

　光の3原色とは，赤（red），緑（green），青（blue）を指し，英単語の頭文字をとって RGB とよばれ，この3色を混ぜると白になる（加法混色：図9-15a）．光はこの3色でほとんどの色を再現でき，PC のモニタやスマートフォンの画面などの色表現にも用いられている．色を変えるには，RGB の明るさ（RGB3色の比）を変化させる（一つに集めて混ぜる）．実際に RGB3色の比率は，PC で処理のしやすい8の倍数で表しており，たとえば RGB 各色 0〜255の 256 段階で，赤色であれば［RGB（256,0,0）］，薄い青色であれば［RGB（51,102,255）］のように表現する．R=51 とは，赤色が 256 分の 51 の光の強さであることを表している．

　一方，色の3原色とは，空色（cyan），赤紫（magenta），黄（yellow）を指し，英単語の頭文字をとって CMY とよばれ，この3色を混ぜると黒になる（減法混色：図9-15b）．プリンタのインクやカラー写真などに利用されているが，実際には CMY の3色の他，暗さを調節するブラック（K：black，blue と間違えないよう K で表す）を混ぜ合わせて色を作っている．

5　レンズのはたらき

　両側，または片側が球面となっている透明な物体をレンズという．ガラスを

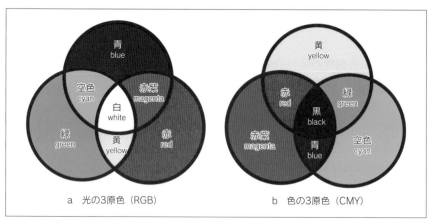

図9-15　光の3原色と色の3原色

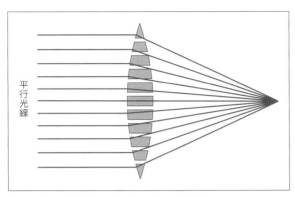

図 9-16　プリズムによるレンズのはたらき
レンズは細かいプリズムが集まったもので，各々のプリズムが光を
屈折させていると考える.

磨いて作られるレンズは，大昔，火を起こす道具として用いられたのが最初と
いわれている．その後，眼鏡や顕微鏡，望遠鏡，カメラなどの光学系が発明さ
れ，現代まで科学技術の発展に幅広く寄与してきた.

「2　光の性質（**図 9-9**）」で説明したように，ガラスのプリズムに光を入射
させると，屈折の法則にしたがい，光の進行方向はプリズム（三角プリズム）
の厚い方へ曲げられる．現在用いられているレンズは，このプリズムでの屈折
の法則を利用して（**図 9-16**），光を集めたり発散させたりするはたらきをもっ
ている.

レンズには多くの種類があるが，ここでは代表的な凸レンズ（レンズの中心
部が周辺部よりも厚いレンズ）と凹レンズ（レンズの中心部が周辺部よりも薄
いレンズ）のはたらきについて考えてみる.

1）凸レンズの性質

凸レンズに光軸と平行な光を照射すると，屈折してレンズの厚い方へ曲げら
れる．光軸とは，レンズの2つの球面の中心を結ぶ直線，またはレンズの中心
を通りレンズの2つの球面に垂直な軸を指す．凸レンズが曲線を描いている構
造上，レンズの中心から遠い位置（レンズの端）を通過する交線ほど入射角が
大きくなるため，大きく屈折し，焦点Fに集まる（**図 9-17a**）．また，レンズ
の中心を通る光はそのまま直進する．レンズの中心O点から焦点Fまでの距離
を焦点距離 f という．焦点はレンズの前後に1つずつあり，中心O点から焦点
Fまでの距離は等しい．**図 9-17b** のように，焦点Fから出る光線（あるいは
焦点Fを通過する光）は，レンズを通過後，光軸と平行に進む．**図 9-17a，b**
より，光はレンズを境に同じ道筋を反対向きに進むことがわかる.

次に，凸レンズを通してある物体をみたとき，物体の位置の違いによる見え
方について考えてみる．結論から先に述べると，

🎬 球面収差

理想的なレンズでは，**図
9-17** に示したように，平
行光線や同じ光軸上の1点
から出た光は光軸上の1点
に集光する．しかし，レン
ズの端を通る光がレンズの
中心部を通る光よりもレン
ズに近いところに集まって
像がぼけてしまうことがあ
り，これを球面収差とい
う．球面収差は，レンズに
存在する5つの単色収差の
うちの1つである.

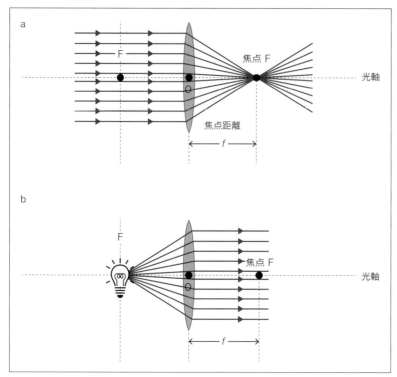

図9-17 凸レンズを通る光線

・物体が焦点Fの外側（凸レンズから遠く）にあると実像ができる
（図9-18a）
・物体が焦点Fより内側（凸レンズから近く）にあると虚像ができる
（図9-18b）

となる.

凸レンズの焦点 F_1 の外側に置いたローソク PP′ から出る光を，凸レンズを通してスクリーンに映し出すと（図9-19），スクリーンに映し出されるローソクの像は，上下，左右が反転した像 QQ′（倒立像）となる. 図9-19において，ローソク PP′ から出た光のうち，光軸に平行な光は凸レンズ A 点を通った後焦点 F_2 を通り（①），レンズの中心 O 点を通る光は直進し（②），レンズ手前の焦点 F_1 を通った後凸レンズ B を通った光は光軸に平行に進む（③）ことによって，スクリーンの位置に光が集まり実像 QQ′ ができる.

図9-19において，ローソク PP′ から凸レンズまでの距離を a，凸レンズから実像 QQ′ までの距離を b，凸レンズの焦点距離を f とおくと，

$$\frac{1}{a}+\frac{1}{b}=\frac{1}{f} \quad\cdots\cdots\cdots\cdots\cdots\cdots\cdots\cdots\cdots\cdots(15)$$

という関係式（レンズの式）が成り立つ. また，実像 QQ′ の大きさと元のローソク PP′ の大きさとの比を像の倍率 m といい，

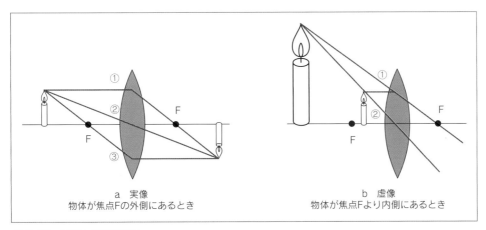

a　実像
物体が焦点Fの外側にあるとき

b　虚像
物体が焦点Fより内側にあるとき

図 9-18　実像と虚像の違い

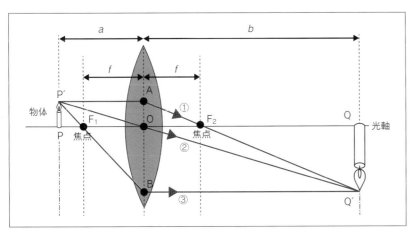

図 9-19　凸レンズにおける実像の見え方

$$m = \frac{b}{a} \quad\cdots\cdots\cdots\cdots\cdots\cdots\cdots\cdots\cdots\cdots\cdots\cdots\cdots\cdots\cdots\cdots\cdots\cdots\cdots\cdots (16)$$

と表せる.

　一方，ローソクを焦点 F_1 より凸レンズ側 PP′ に動かすと（**図 9-20**），ローソク PP′（焦点 F_1 から出た光）は凸レンズ B 点を通り光軸に平行に進み（①），ローソク PP′ から光軸に平行に出た光は凸レンズ焦点 A 点を通った後焦点 F_2 を通り（②），ローソク PP′ からレンズの中心 O 点を通る光は直進する（③）ことによって，凸レンズを通った後にローソク PP′ からの光は広がるため実像ができない（スクリーンがあっても映らない）．これは，凸レンズを覗いてローソク QQ′ の像をみていることになるので，これを虚像とよぶ（ローソク QQ′ から光は出ていない）．この虚像は，実際のローソクと同じ向き（正立像）でみえ，虫メガネで物を拡大したときの光の進み方がこれにあたる．

　図 9-20 において，ローソク PP′ から凸レンズまでの距離を a，凸レンズから虚像 QQ′ までの距離を b'，凸レンズの焦点距離を f とおくと，

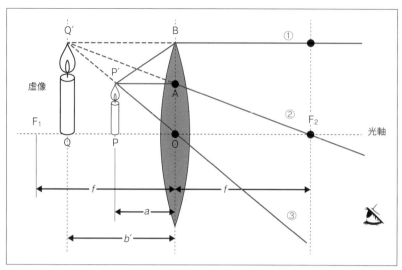

図9-20 凸レンズにおける虚像の見え方

$$\frac{1}{a} - \frac{1}{b'} = \frac{1}{f} \quad \text{.............................(17)}$$

が成り立つ．また，虚像 QQ′ の大きさと元のローソク PP′ の大きさとの比を像の倍率 m といい，

$$m = \frac{b'}{a} \quad \text{.............................(18)}$$

となり，(17) 式で f は常に正となるので，$a < b'$ となり，倍率 m は常に 1 倍より大きくなることがわかる．

---

(15) 式の証明

△F$_2$OA∽△F$_2$QQ′ より，

$$\frac{QQ'}{PP'} = \frac{QQ'}{OA} = \frac{F_2Q}{OF_2} = \frac{b-f}{f} = \frac{b}{f} - 1 \quad \text{となる．また，△OPP′ ∽△OQQ′ より，}$$

$$\frac{QQ'}{PP'} = \frac{OQ'}{OP} = \frac{b}{a} \quad \text{となり，}$$

$$\frac{b}{a} = \frac{b}{f} - 1 \quad \text{より両辺を } b \text{ で割ると，}$$

$$\frac{1}{f} = \frac{1}{a} + \frac{1}{b} \quad \text{となる．}$$

---

(17) 式の証明

△F$_2$OA∽△F$_2$QQ′ より，

$$\frac{QQ'}{PP'} = \frac{QQ'}{OA} = \frac{QF_2}{OF_2} = \frac{b'+f}{f} = \frac{b'}{f} + 1 \quad \text{となる．また，△OPP′ ∽△OQQ′ より，}$$

$$\frac{QQ'}{PP'} = \frac{OQ'}{OP} = \frac{b'}{a} \quad \text{となり，}$$

$$\frac{b'}{a} = \frac{b'}{f} + 1 \quad \text{より両辺を } b' \text{ で割ると，}$$

$$\frac{1}{f} = \frac{1}{a} - \frac{1}{b'} \quad \text{となる．}$$

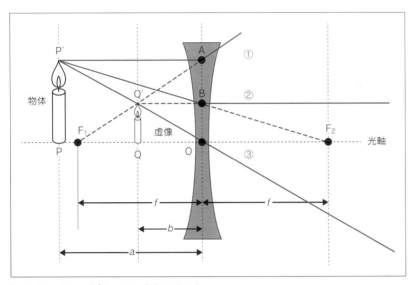

図 9-21　凹レンズにおける虚像の見え方

2）凹レンズの性質

　凹レンズの場合，ローソク PP′ が凹レンズの焦点 F_1 より近くても遠くても，凹レンズを通過した光は集まらないので実像はできず，常に虚像（正立像）がみえる（**図 9-21**）．ローソク PP′ から光軸に平行に出た光は，A 点を通った後，焦点 F_1 から出た光が進むように進み（①），ローソク PP′ から焦点 F_2 へ向かう光は，凹レンズ B 点を通り光軸に平行に進み（②），ローソク PP′ からレンズの中心 O 点を通る光は直進する（③）ことによって，凹レンズを通った後にローソク PP′ からの光は広がるため実像ができない．

　図 9-21 において，ローソク PP′ から凹レンズまでの距離を a，凹レンズから虚像 QQ′ までの距離を b，凸レンズの焦点距離を f とおくと，

$$\frac{1}{a} - \frac{1}{b} = -\frac{1}{f} \quad\dotfill\quad (19)$$

という関係式（レンズの式）が成り立つ．また，虚像 QQ′ の大きさと元のローソク PP′ の大きさとの比を像の倍率 m といい，

$$m = \frac{b}{a} \quad\dotfill\quad (20)$$

となり，（17）式より f は常に正となるので，$a > b$ となり，倍率 m は常に 1 倍より小さくなることがわかる．

(19) 式の証明

$\triangle F_1OA \backsim \triangle F_1QQ'$ より,

$\dfrac{QQ'}{PP'} = \dfrac{QQ'}{OA} = \dfrac{F_1Q}{OF_1} = \dfrac{f-b}{f} = 1 - \dfrac{b}{f}$ となる. また, $\triangle OPP' \backsim \triangle OQQ'$ より,

$\dfrac{QQ'}{PP'} = \dfrac{OQ'}{OP} = \dfrac{b}{a}$ となり,

$\dfrac{b}{a} = 1 - \dfrac{b}{f}$ より両辺を b で割ると,

$-\dfrac{1}{f} = \dfrac{1}{a} - \dfrac{1}{b}$ となる.

練習問題 （解答は p.106〜107）

1. 真空（空気）中の光の速さはいくらか.

2. 光について誤っているのはどれか.
    1) 電界と磁界の振動の方向は互いに直交している.
    2) ガラス中の光の速度は水中の光の速度より速い.
    3) 波長と周波数は反比例の関係にある.
    4) 波としての性質と粒子としての性質をもつ.
    5) 可視光の波長帯域はおおよそ 400〜780 nm である.

3. 光の反射と屈折について誤っているのはどれか.
    1) 光沢のある金属表面では反射率が非常に高い.
    2) 空気中から水に入射する場合，屈折角は入射角より小さい.
    3) ガラスから空気中に入射する場合，屈折角は入射角より大きい.
    4) 屈折角が 45° になるときの入射角を臨界角という.
    5) 透明な物質同士の境界面で反射がおきる.

4. 次の光の現象を身近な例を用いて説明せよ.
    1) 屈折
    2) 分散
    3) 偏光
    4) 回折
    5) 干渉

第10章 原子と放射線

すべての物質は，非常に小さな粒である原子からできており，原子は100種類あまりしかない．原子は物質の元であり，1つが2つに分かれたり，他の原子に変わったりしない．日常生活では，太陽からの電磁波に含まれる放射線とその生体への作用，および原子力発電やその危険性の面から放射線や放射能についての知識をもつことが重要であると認識されつつあるが，医療の現場でも放射線を用いた検査は一般的になっている．したがって，物質の元となっている原子の構造や，放射線に対する基礎知識を得ることは，臨床検査技師にとって必須であるといえる．ある物質が放射線を出すか出さないかは原子の構造に関係していることから，本章ではまず原子の基本構造について理解したうえで，放射線に関する基礎知識を得ることを目的とする．

 元素の周期表

原子の種類は元素とよばれ，原子の種類を表す記号を元素記号（原子記号）という．周期表の元素は，原子番号順に並んでおり，後の番号ほど質量が大きな原子となる．原子の質量は原子量で表されている．アルファベットの大文字1文字，または大文字と小文字の2文字を用いた記号で表す．元素周期表は下記参照のこと．
https://www.mext.go.jp/stw/series.html

I 原子と光

1 原子の構造

原子は，陽子（proton）と中性子（neutron）で作られる原子核（nucleus）とその周辺にある電子（electron）によって構成される（**図10-1a**）．原子核は原子の中心に位置する非常に小さい塊で，正（プラス）の電荷を帯びた陽子（素粒子の一つ）と，電荷を帯びてない中性子（電荷をもたない粒子）で構成されている（**図10-1b**）．中性子は陽子とほぼ同じ大きさである．電子は負（マイナス）の電荷をもっていて，原子核の周りを回ることにより遠心力を受けて

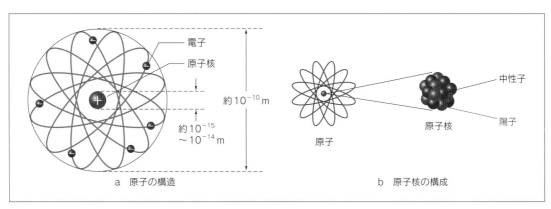

図 10-1　原子の構造と原子核の構成

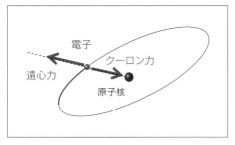

図 10-2　電子に働く遠心力とクーロン力

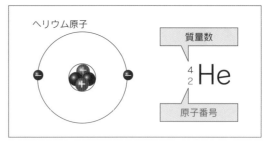

図 10-3　元素の表記方法（例：ヘリウム原子）

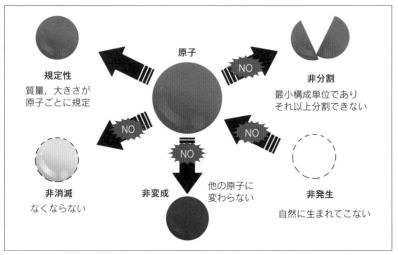

図 10-4　原子の性質

外に飛び出そうとするが，正（プラス）の電荷を帯びた陽子との間における静電気の引力（クーロン力）で原子核の周りにつなぎとめられている（**図 10-2**）．

　原子核に含まれる陽子の数は元素によって決まっていて，その数を原子番号という．たとえば，ヘリウム原子は 2 個の陽子，炭素原子は 6 個の陽子をもっている．

　原子を構成する 3 つの粒子（電子，陽子，中性子）の関係は，陽子の数と電子の数は常に等しく，また，電気量は陽子がプラスで電子がマイナスとなるが，その大きさ（1.602×10^{-19}C）は同じである．したがって，原子全体ではプラスとマイナスの電荷が打ち消しあって中性となっている．電子の質量は非常に小さい（陽子や中性子の質量の約 1/1,800）ため，原子の質量の大小は，原子核の中の陽子の数と中性子の数の和によって決まり，この和を質量数とよんでいる（**図 10-3**）．ヘリウム原子の場合，陽子が 2 個，中性子が 2 個であるため，質量数は 4 となる（**図 10-3**）．原子の性質は，

　①それ以上分割することができない

　②他の種類の原子に変わったり，なくなったり，新しくなったりすることはない

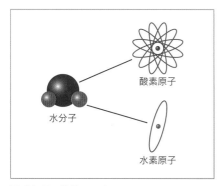

図 10-5　分子モデル

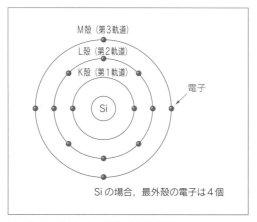

図 10-6　シリコン（Si）の原子構造

③原子の種類によって決まった質量や大きさがある

とまとめることができる（**図 10-4**）．

　参考までに分子について説明する．分子とは，共有結合によって結合し，あるいは化学結合をせずに原子単独で存在しているまとまりをもった原子の集団である（**図 10-5**）．通常，電気的には中性である．分子はそれぞれ固有の形をもっているため，物質としての性質に大きく影響する．これは，原子の種類は100 種類あまりだが，物質の種類は 3,000 万種類以上あるといわれていることにも関係する．たとえば，水は酸素原子 1 個と水素原子 2 個が結びつき，ひとまとまりの粒となっている（**図 10-5**）．水は，酸素や水素とは異なる性質をもつ別の物質である．

2　電子軌道と電子配置

　原子には，原子核に含まれる陽子と同じ数の電子があり，原子核の周りの電子軌道とよばれる空間に広がることで安定に存在している．しかし，これらの電子は原子核の周囲で自由に存在しているわけではない．

　周期表の 14 族に属しているシリコン（Si：ケイ素）を例に説明する．シリコンは，原子核の周りに合計 14 個の電子をもっている（**図 10-6**）．原子構造において，電子が位置している（飛び回っている）場所を電子殻という．この電子殻は何重かに分かれていて，内側から K 殻（電子 2 個），L 殻（電子 8 個），M 殻（電子 18 個）…とよばれている．電子が電子殻に入るときは，内側から順に入っていく．シリコンの場合，電子は K 殻に 2 個，L 殻に 8 個，M 殻に 4 個（2＋8＋4＝14）となる．このような各原子における電子の入り方を電子配置という（**図 10-6**）．

3　光量子説と光電効果

　1900 年，マックス・プランクは，物質が振動数（または周波数）ν ［Hz］

（ニュー）の光を放射・吸収する場合，そのエネルギー量は連続的でなく $h\nu$（ハー，ニュー）の整数倍となるという仮説を導き出した．ここで，h [J·s] は物質の種類によらない定数でプランク定数とよばれ，

$$h=6.63\times10^{-34} \quad\text{……………………………………………(1)}$$

と表される．

　その後，1905 年にアルベルト・アインシュタインは，光は光子（フォトン，または光量子）という粒子が進行するという光量子説を提唱した．アインシュタインは，振動数 ν [Hz] の光の場合，光子 1 個のエネルギー E [J] は，

$$E=h\nu \quad\text{……………………………………………………(2)}$$

と表した．

　ここで，第 9 章の（2）式を用いて，光速を c [m/s]，波長を λ [m] とすると，光子 1 個のエネルギー E [J] は，

$$E=h\nu=\frac{hc}{\lambda} \quad\text{………………………………………(3)}$$

と表すことができる．第 9 章側注（p.76）で，光（電磁波）のエネルギーが大きいということは，波動としてみると「波長 λ が短ければ短いほど，周波数 ν が高ければ高いほど，光子のエネルギー E は高くなる」と説明したが，粒子としては，光子の個数が多いほどエネルギーが大きいと説明できる．

　次に，光量子説では，$h\nu$ [J] のエネルギーをもった光子 1 個が，金属表面の 1 個の電子に当たると光子は消滅し，光子のエネルギーを得た電子が原子核からの引力を振りほどき，電子（光電子）となって金属の外へ飛び出る，と説明づけた．これを光電効果といい，一般に，物質に光を照射すると，光のもつエネルギーが電子に与えられ，電子（光電子）が物質の表面から放出される現象として説明される．光電効果は，1887 年にハインリヒ・ヘルツが電磁波の実験中，金属表面に光を当てると荷電粒子が飛び出すことを発見し，その後，フィリップ・レーナルトが 1900 年に，この荷電粒子の比電荷を測定し，それが電子であることを確認した（**図 10-7a**）．

　前述の光量子説に基づき，1905 年にアインシュタインが，光電効果に関する仮説を提唱した．振動数 ν [Hz] の光は $h\nu$ [J] のエネルギーの塊となり金属内の電子に吸収され，電子がもらったエネルギー $h\nu$ [J] が，金属の内部から外部へ電子を運ぶのに必要なエネルギー W より大きい場合，電子は外部に放出される（**図 10-7b**）．したがって，金属の外部に放出される電子（光電子）のエネルギーの最大値は，

$$E=h\nu-W \quad\text{…………………………………………(4)}$$

となると説明した．ここで，W は仕事関数といい，光によって電子が原子核の引力から振りほどかれるエネルギーを指す．仕事関数は，光電効果の起こりや

光子 1 個のエネルギー

光子のエネルギー E [J] を波長で比較すると，式（1）より，

波長 800 nm（赤外光）$E=h\nu$
$$=\frac{hc}{\lambda}$$
$$=6.63\times10^{-34}\times\frac{3.00\times10^{8}}{800\times10^{-9}}$$
$$=2.49\times10^{-19}$$
$$\approx2.5\times10^{-19}$$

波長 400 nm（紫外光）$E=h\nu$
$$=\frac{hc}{\lambda}$$
$$=6.63\times10^{-34}\times\frac{3.00\times10^{8}}{400\times10^{-9}}$$
$$=4.97\times10^{-19}$$
$$\approx5.0\times10^{-19}$$

となり，波長が短いほど，光子 1 個のエネルギーは大きくなる．

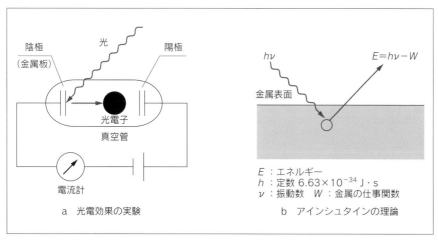

図 10-7　光電効果

すさを表す値で，金属の種類によって異なっており，たとえばアルミニウム（Al）は 4.20×10^{-19}J，ニッケル（Ni）は 5.22×10^{-19}J，金（Au）は 5.47×10^{-19}J となっている．

4　粒子のエネルギー表示

　電子や陽子，電磁波（光子）のエネルギー表示にはこれまで E[J]を用いてきたが，電子や素粒子，放射線などのエネルギーを表す場合，E[J]では単位として大きすぎること，また原子レベルの大きさの現象で考えるには，1Vで加速したエネルギーとして考えた方が都合がよいため，エレクトロンボルト[eV]（1 eV＝1.602×10^{-19}J，1 J＝6.242×10^{18}eV）という単位を用いる．エレクトロンボルトは，真空中に加速した荷電粒子が，1Vの電位差を抵抗なしに通過するときに得られるエネルギーであり，最終的に獲得する運動エネルギーに等しい大きさのエネルギーであるといえる（eV＝$1/2\,mv^2$）．

Ⅱ 放射線の種類と利用

　陽子の数が同一，つまり同じ元素でありながら，中性子の数が異なる原子を同位体という．エネルギー的に安定で，地球や宇宙規模の時間では変化しない原子を安定同位体という．一方，原子には安定なものばかりではなく，高いエネルギーをもった不安定な状態のものがあり，その原子核は時間の経過とともに余分なエネルギー（高速の粒子や電磁波）を出して安定なものになろうとする．そのとき放出されるエネルギーが放射線である．

　放射線は，医療現場や原子力発電所など，限られた場所のみにあるものではなく，日常生活のなかで，我々は自然のうちに放射線（自然放射線）を受けている．自然放射線から受ける線量の種類としては，宇宙や大地から受ける外部

光子1個の光電子のエネルギー保存則

光量子説における光電効果が起きるとき，エネルギー保存則が働く．光電子の質量を m[kg]，速度を v[m/s]とおくと，運動エネルギーは，$\frac{1}{2}mv^2$ であり，光子のエネルギーを得た電子が原子核から飛び出すためのエネルギーを W[J]とおくと，式(2)より，

$$h\nu = \frac{1}{2}mv^2 + W$$

となる．$\frac{1}{2}mv^2$ を移項すると，$\frac{1}{2}mv^2 = h\nu - W$ となる．

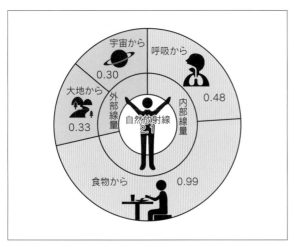

図 10-8　自然放射線から受ける線量
（参照：https://www.ene100.jp/zumen/6-2-2）

線量や，食物や空気中のラドンなどを取り込むことによる内部線量があり，日本では合計すると年間 2.1 mSv（ミリシーベルト）となる（**図 10-8**）．

　本節では，自然放射線のみならず，X 線検査や X 線 CT 検査などの放射線検査で受ける医療被曝の危険性や，その安全対策を行ううえで必要な放射線の種類やその透過性，放射能や被曝の知識について説明する．

1　主な放射線の種類と性質

　放射線とは一般的に，電離放射線のことを指す．電離放射線は物質を構成する原子を電離する能力（正電荷のイオンと負電荷の電子に分離する能力）を有し，粒子線と電磁波に分けられる（**図 10-9**）．電離放射線が物質に入射すると，散乱や吸収によりそのエネルギーが物質に吸収される．このような電離放射線の物質へのエネルギー移行過程を放射線と物質の相互作用といい，多くの種類が存在する．

　電離放射線の一種である粒子線はさらに，荷電粒子線（電荷をもつ＝イオン化したもの）と非荷電粒子線（電荷をもたないもの）に分けられる（**図 10-9**）．

　荷電粒子線には，α線，β線，陽子線などが含まれる．α線とは，陽子と中性子が各々 2 個からなるヘリウム原子核が高速で飛び出したものである．β線は中性子が 1 個減り，陽子が 1 個増える中性子の崩壊（β崩壊）が起こり，原子核から飛び出した電子である（**図 10-10**）．

　電磁波には，X 線やγ線が含まれる（**図 10-10**）．また，電磁波のなかでも，通信などで用いられている電波や，可視光線，赤外線などのように電離作用をもたないもの（非電離放射線）がある．紫外線は一部に電離作用があるが，一般的には非電離放射線に分類される．

　α線，β線，γ線が原子核から放出されるのに対し，X 線は原子核の外側で発生する（**図 10-10**）．この X 線は，X 線管で発生させ，X 線検査などで利用

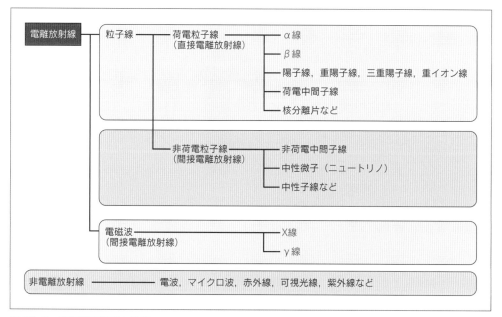

図 10-9　放射線の種類と分類
（小野　周監修：現代物理学小事典．講談社，1993 をもとに作成）

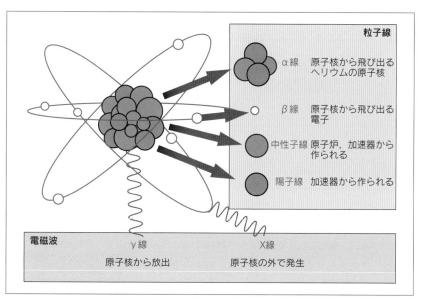

図 10-10　電離放射線の種類

されている（**図 10-11**）．

　放射線の性質は，電離作用（物質通過時，エネルギーを原子や分子に与え電子をはじき出す働き），蛍光作用（紫外線や放射線などが物質にあたった時，その物質から光を放出させる働き），透過（放射線が物質を通り抜ける性質，後述）の３つに分けられ，各々の特性を活かして，医療や工業，農業，宇宙産業

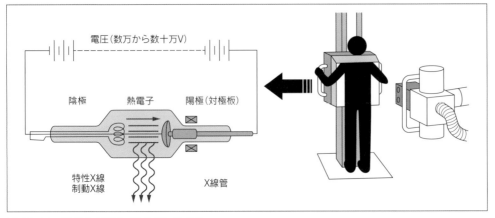

図10-11　X線発生装置（X線管）模式図

電圧（数万から数十万V）

陰極　熱電子　陽極（対極板）

特性X線
制動X線　　　　　X線管

などさまざまな分野で応用されている.

2　放射線の透過性

　放射線は, 物質を通り抜ける力（透過力）をもっているが, その力は放射線の種類によって異なるため, 各々の放射線の特性を理解し, 適切な材料や厚さなどを選ぶことで有効に放射線を防護することができる（**図10-12**）. たとえば, 最も透過力の低いα線は, 粒子が大きく重いため, 物質中で急速にエネルギーを失い停止することから, 紙1枚程度で止めることができる. β線は, アルミニウムなどの薄い金属板やプラスチック板で止めることができる. 透過性の高いγ線やX線は, 鉛や厚い鉄の板でないと防護できない. X線やX線CT検査装置がある検査室の壁の中には鉛などの金属が入っていたり, X線を照射しながら検査・治療を行う心臓カテーテル業務では, 医療者が鉛板の入ったエプロンを掛けなければならないのはX線防護のためである. また, 中性子線は, 水やコンクリートによってさえぎることができる（**図10-12**）.

3　放射能と被曝

　本節の最後に, 放射線と放射能の違い, 被曝, 汚染について整理する.

　放射線, 放射能, 放射性物質は, 言葉としては似ているが, それぞれ意味, 単位が異なっている. 放射線を出す能力が放射能で, 放射能は時間とともに減衰する. この放射能の強さを表す単位を［Bq］（ベクレル）で表す. また, 受けた放射線の量が線量である. 線量として, 放射線の人体への影響の度合いを表す単位を［Sy］（シーベルト）, 放射線のエネルギーが物質や人体の組織に吸収された量を［Gy］（グレイ）で表す. 放射性物質とは放射線を出す物質のことであり, 身の回りの放射性物質には, K（カリウム）, セシウム（Cs）, ヨウ素（I）などがある. たとえば, 容器内の液体に放射能がある場合, この液体は放射性物質を含んでいて, 放射線は出てくるが, 容器のフタが閉まっていれば

放射性同位元素

同じ原子番号（元素）のうち, 質量数が異なる（陽子数が同じだが, 中性子数が異なる）ものを同位元素といい, 同位元素のなかで, 放射性壊変により放射線を出して別の元素に変わる同位元素を放射性同位元素, または放射性同位体（RI : radioisotope）という. RIを含む物質が放射性物質である. たとえば水素原子の場合, 自然界に存在する水素1と2が安定同位体, 水素3がRIである. セシウムの場合, セシウム133が安定同位体, セシウム134, セシウム137がRIである.

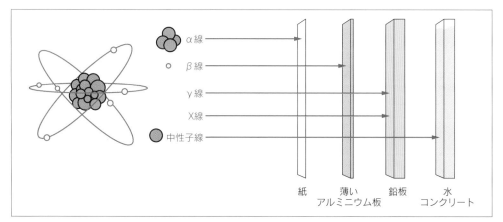

図 10-12　放射線の種類とその透過力

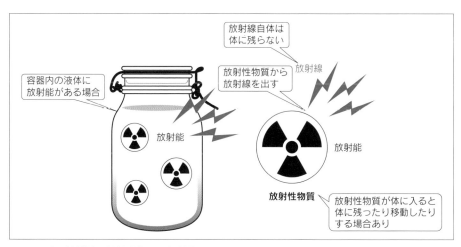

図 10-13　放射線と放射線物質と放射能の関係

放射性物質は出てこない（**図 10-13**）.

　放射性物質が出す放射線を浴びた状態を被曝という. 被曝の種類として, 体外にある放射性物質から放射線を受けることを外部被曝とよぶ. 一方, 空気中に飛散した放射性物質を呼吸などによって一緒に吸い込んだり, 汚染された飲食物が体内に入り込むと, 体の中から放射線を受けることになる. あるいは, 傷口などからも放射性物質が体の中に入ることがあり, これらの状況をまとめて内部被曝とよぶ.

　放射性物質が体内に入る（被曝する）と, 放射線によって人体へ悪影響を及ぼす. 具体的な影響の度合いは, 白血球数の減少や, がんの発生率の上昇, DNAや細胞の損傷など, 被曝線量や回数, 部位などの条件によって変化し, 原子レベル（原子の電離や励起）, 分子レベル（DNA損傷）, 細胞レベル（DNA異常）, 臓器・個体レベル（がん化）がある. 日常, 紫外線を受けたり化学物質を摂取することでDNA損傷は起きているが, DNAの修復能力により完全に修

図 10-14　被曝の種類

復されれば問題はない．一方，DNAの修復過程にミスが生じるとその細胞が死に，遺伝的な影響が出てくる．死んだ細胞も日々入れ替わっているが，大量の細胞が死んだ場合は臓器の機能が失われたり，それによりヒトが死亡する場合もある．

　最後に，放射性物質がものやヒト（身体）などに付着している状態を汚染（放射能汚染）とよぶ．したがって，放射能汚染は通常では存在しない場所に放射性物質が存在することを示すときに用いられる．放射性物質が皮膚や衣類に付着した場合，放射性物質を拭いたり水で洗い流したりすることで除染できる．

 放射能汚染の除染について
身体に放射能汚染が発生した場合の措置に関しては，国立研究開発法人日本原子力研究開発機構のガイドライン（29安（通達）第7号，平成29年12月26日）を参照のこと．
https://www.jaea.go.jp/04/o-arai/information/2018/011605.pdf

練習問題 （解答は p.107～108）

1．光子1個のエネルギー［J］を表す式と，その意味を説明せよ．

2．放射線に関する単位を示せ．
  1）X線やγ線についての照射線量の単位
  2）放射性物質から出される放射線の強さについての単位
  3）物質中で吸収される熱量による吸収線量の単位
  4）生体に与える作用の大きさを考慮した吸収線量の単位

3．X線はどのような物質で遮蔽することができるか．

4．放射線による内部被曝について説明せよ．

練習問題解答

第1章

1. $(10^{-3})^2 = 10^{-6}$ m^2

2. $1 \times 10^9 \mu$g

3. $72 \times 10^3/(60 \times 60) = 20$ より, 20 m/s

4. $200 \times 10^{-6}/0.5 = 4 \times 10^{-4}$ より, 4×10^{-4} m/s

第2章

1. トルク=力×距離（力と直角方向），単位は $[\mathrm{N \cdot m}]$，ディメンションは M$^1 \cdot$ L$^2 \cdot$ T^{-2}

2. 垂直下方に働く力は，力＝質量×加速度より，$10 \times 9.8 = 98$ N なので，
   保持力は $98 \times \cos 30° = 49$ N

3. $\sqrt{(20+5)^2 + (5\sqrt{3})^2}$
   $= \sqrt{25^2 + 25 \times 3}$
   $= 5\sqrt{28} = 10\sqrt{7}$

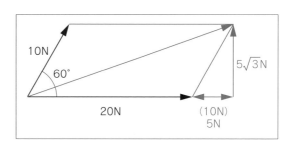

4. モーメントの釣り合いより，$F \times 0.1 = 1 \times 9.8 \times 0.6 + 1 \times 9.8 \times 0.3$ なので，
   $F = 9 \times 9.8 = 88$ N

5. 静止摩擦係数は $\mu = \dfrac{f_0}{mg}$ である.

第3章

1. 単位 $[\mathrm{rad/s}] = [1/\mathrm{s}]$，ディメンション $[\mathrm{M}^0 \cdot \mathrm{L}^0 \cdot \mathrm{T}^{-1}] = [\mathrm{T}^{-1}]$

2. $F = m \cdot \alpha$ より，$\alpha = F/m$ $5/2 = 2.5$ m/s^2

3.

    1) $v=g \cdot t$

    2) $h=g \cdot t^2/2$

4. 遠心力 F は角速度が ω の場合，$F=m \cdot r \cdot \omega^2$ なので，
0.01×0.1×20×20×π×π となり，およそ 4 N

第 4 章

1. エネルギー＝力×距離（力と同じ方向），単位は［J］あるいは［N・m］，ディメンション
は $[M^1 \cdot L^2 \cdot T^{-2}]$

2. 仕事率＝仕事/時間＝力×距離/時間なので，0.1×9.8×2/5＝0.392 W

3. A 点と B 点の高さ方向の差 h は $h=L-L\cos\theta$ である．高さの差による位置エネルギーが運
動エネルギーに変換されるので，
$m \cdot g \cdot h=m \cdot \mathrm{v}^2/2$ より，$v=\sqrt{2}\,gh=\sqrt{2}\,g \cdot L\,(1-\cos\theta)$
$v=\sqrt{2}\,g \cdot L\,(1-\cos\theta)$

第 5 章

1. ばね定数 k は k＝加重/長さの変化で与えられるので，単位は［N/m］となる．
ディメンションを考えるときは，力のディメンションが $[M^1 \cdot L \cdot T^{-2}]$（質量×加速度）で
あることを使って $[M^1 \cdot L^0 \cdot T^{-2}]=[M^1 \cdot T^{-2}]$ が導かれる．

2.

    1) 平均引張応力＝$4P/(\pi d^2)$ である．

    2) 軸方向の引張ひずみ＝$\Delta l/l$ である．

    3) ポアソン比＝縦ひずみ/横ひずみ＝$(\Delta l/l)/(\Delta d/d)$ である．

3. ヤング率（縦弾性率）は引張応力/縦ひずみ，単位は［Pa］である．
応力＝加重/断面積より $5\,k/(50 \times 10^{-6})$ Pa＝1×10^8Pa，
縦ひずみ＝1 mm/2 m＝5×10^{-4} の両者より，$1 \times 10^8/(5 \times 10^{-4})=2 \times 10^{11}$
1 G＝10^9 なので，$2 \times 10^{11}=2 \times 10^2$G Pa　となる．

1. 粘性係数は流体中に 2 つの接する境界面を考えて，その部分のずり応力（せん断応力）とずり速度（せん断速度）の比で与えられる．応力の単位は Pa，ずり速度の単位は速度を長さで割った値なので，単位は 1/s である，したがって，粘性係数の単位は［Pa・s］となる．ディメンジョンを考えるときは，応力のディメンジョンが［$M^1 \cdot L^{-1} \cdot T^{-2}$］，ずり速度のディメンジョンが［$M^0 \cdot L^0 \cdot T^1$］なので，［$M^1 \cdot L^{-1} \cdot T^{-1}$］ が導かれる．

2. 水銀の比重は 13.6（この値は覚えていてほしい）なので，10 mmHg を水の高さに換算すると，13.6 倍の高さの水柱に相当することになる．10×13.6 mm＝13.6 cm が得られる．

3. 1000
   レイノルズ数は密度×速度×直径/粘性率なので，これを計算すると 1000 が得られる．レイノルズ数の単位は無次元［1］である．この流れは層流の条件下にある．

4. ベルヌーイの定理を使って h に対応する水頭圧が流速 v に対応する動圧に変換されると考える．水頭圧は $\rho \cdot g \cdot h$，動圧は $\rho \cdot v^2/2$ なので，これを等しいとすれば，$v = \sqrt{2\,gh}$ が得られる．

5. ベルヌーイの定理を使って考える．この流れにおいて動圧が絞りの上流の部分で（$\rho \cdot v_1^2/2$）であり，絞りの下流では流速が増加して（$\rho \cdot v_2^2/2$）となる．この結果，動圧の増加分に相当する静圧が低下するので，$P_1 - P_2 = \rho \cdot (v_2^2 - v_1^2)/2$ が得られる．

第7章

1. $0.01 \times (37-20) \times 4200 = 714$ J

2. 線膨張係数は熱膨張による長さ変化を比率で表している．温度変化については℃と K で値が等しいので，伸びは，$2 \times 1.2 \times 10^{-5} \times 10 = 2.4 \times 10^{-4} = 240 \times 10^{-6}$ m ＝240 μm

3. ボイル・シャルルの式 $P \cdot V/T = $ 一定，
   あるいは気体の状態方程式 $P \cdot V = n \cdot R \cdot T$
   を利用する．ただし，P：圧力，V：容積，T：温度（絶対温度，K），R：気体定数である．℃を K で表すときは 273 を加える．いずれの式についても圧力は容積に反比例し，温度に比例する．この問題では容積変化がないので，圧力は絶対温度に比例する．
   　27℃＝300 K，57℃＝330 K なので，温度は 1.1 倍となり，圧力は 0.1×1.1＝0.11 MPa となる．

4. 熱の移動量は断面積に比例し，壁の厚みに反比例する．
   熱量＝$1.5 \times 4 \times (0.1)^2 / 5 \times 10^{-3} = 12$ J

5. $0.1 \times (30-20) \times 4200 / 60 = 70$ W

第8章

1. 可聴音の音波の振動数は，およそ 20 Hz から 20,000 Hz（20 kHz）までである（参考：p.63）

2. 音の3要素とは，高さ，大きさ，音色である（参考：p.65～66）．

3. 1），4）
   1）空気中の音速は気温が高くなると早くなる（参考：p.70～71，図8-11）．
   2）参考：p.64，図8-2．
   3）参考：p.73．
   4）媒質中の減衰は，振動数が多いほど減衰率が高く，短い距離しか伝わらなくなる．
   5）参考：p.69，側注，p.73，表8-2．

4. 超音波の波長 λ［m］，音速 C［m/s］，振動数 f［Hz］とおくと，

   $$f = \frac{C}{\lambda} = \frac{1,500}{15 \times 10^6} = 10^{-4}\,\text{m} = 0.1\,\text{mm}$$

   となる（参考：p.65，(2) 式）．

第9章

1. 真空（空気）中の光の速さは，3×10^8 m/s である（参考：p.75）．

2. 2）
   一般的なガラスの屈折率を約1.5 とすると，ガラス中の光の速度は，真空中の光の速度をガラスの屈折率（相対屈折率）で除することで求められる（参考：p.78，(6) 式）．

   $$v_{光} = \frac{3 \times 10^8}{1.5} = 2 \times 10^8\,\text{m/s (20 万 km/s)}$$

3. 4）
   屈折角が90°になるときの入射角を臨界角という（参考：p.79，図9-5）．

4. 光の現象の身近な例を示す.
   1) 屈折：水の入ったコップにストローをさしたとき，水中のストローが実際より短くみえる．水中のストローからの光は水中から大気中に出るときに屈折し，水中のストローから目までの実際の角度より小さな角度となって目に入ることで，視覚的には短くなったようにみえる（参考：p.77～79）.
   2) 分散：プリズムに太陽光を通したら虹のようなスペクトルができる．太陽光にはさまざまな波長の光が混ざっていることから（白色光），プリズムに入った光の屈折率が波長によって異なり，スペクトルとしてみえる（参考：p.80～81，図9-9）.
   3) 偏光：カメラに専用のフィルタ（偏光フィルタ）を装着すると水中の魚がよく映る．これは，太陽光（直接の光）とは異なり，水面で反射する光は波の方向が比較的そろった光（偏光）となる．たとえば直角方向の光だけを通す偏光フィルタを使うことで，水面からの反射光をカットすることができる．したがって，写真を撮影するとき，反射波の影響を軽減できるため，水中がよくみえるようになる（参考：p.81～82，図9-10）.
   4) 回折：太陽光を障害物で遮ると陰の周辺部も少し明るくなる．太陽光はほとんど平行光線として地上に到達する．障害物で光の経路が遮られると，光はその先に届かないので陰ができるが，回折現象により，光は遮蔽物の端で内側に回り込むため，陰の境界が少しぼやけ，遮蔽物の周辺部が明るくなる．スリットも回折現象を利用した光学技術である（参考：p.82～84）.
   5) 干渉：水に浮いた油に白色光をあてるといろいろな色彩がみえる．これは，油膜の表面からの反射光と油膜下面にある水の表面での反射光が反射することで起こる．波長の違いによる屈折率の違いや光があたった角度によって，油膜内を通り抜ける光路の長さが変わることで，波長ごとに位相の重なり具合が変化するため，さまざまな色相に変化してみえる．万華鏡は4）の回折と5）の干渉の原理を使っている（参考：p.82～84）.

第10章

1. 光子1個のエネルギー E ［J］は，$E=h\nu=hc/\lambda$ で表される．これは，周波数 ν が高ければ高いほど，また波長 λ が短ければ短いほど，光子のエネルギー E が高くなることを表している（参考：p.96，（3）式）.

2. 放射線に関する単位（参考：p.100）
   1) C/kg
   2) Bq（ベクレル）
   3) Gy（グレイ）
   4) Sv（シーベルト）

3. 鉛（参考：p.101，図10-12）

4. 体外に存在する放射性物質や放射線発生装置からの被曝を外部被曝という．それに対して，体内に取り込まれた食物や空気中に含まれる放射性物質により体内から被曝する場合を内部被曝という（参考：p.100～101）．

索　引

【著者略歴】

嶋 津 秀 昭
（しま づ ひで あき）

1974 年　早稲田大学理工学部機械工学科卒業
　　　　　東京医科歯科大学医用器材研究所専攻生修了
1975 年　東京医科歯科大学医用器材研究所計測機器部門文部技官
1980 年　北海道大学応用電気研究所メディカルトランスデューサ部門助手
1982 年　杏林大学講師（医学部第 2 生理学教室）
1993 年　杏林大学教授（保健学部生理学教室）
2006 年　杏林大学教授（保健学部臨床工学科生理学・生体工学研究室）
2018 年　北陸大学教授（医療保健学部医療技術学科）
　　　　　現在に至る　博士（医学）

中 島 章 夫
（なか じま あき お）

1991 年　慶應義塾大学理工学部電気工学科卒業
1993 年　慶應義塾大学大学院理工学研究科電気工学専攻前期博士課程修了
　　　　　防衛医科大学校医用電子工学講座助手
1999 年　日本工学院専門学校臨床工学科科長
2006 年　東京女子医科大学大学院医学研究科先端生命医科学系専攻後期博士課程修了
　　　　　杏林大学助教授（保健学部臨床工学科）（先端臨床工学研究室）
2007 年　杏林大学准教授（保健学部臨床工学科）
2020 年　杏林大学教授（保健学部臨床工学科）
　　　　　現在に至る　博士（医学）

最新臨床検査学講座

物 理 学　　　　　　　　　　　ISBN978-4-263-22387-1

2022 年 2 月 10 日　　第 1 版第 1 刷発行
2023 年 1 月 10 日　　第 1 版第 2 刷発行

著 者　嶋 津 秀 昭

　　　　中 島 章 夫

発行者　白 石 泰 夫

発行所　医歯薬出版株式会社

〒 113-8612 東京都文京区本駒込 1-7-10
TEL　（03）5395-7620（編集）・7616（販売）
FAX　（03）5395-7603（編集）・8563（販売）
https://www.ishiyaku.co.jp/
郵便振替番号　00190-5-13816

乱丁，落丁の際はお取り替えいたします　　　　印刷・三報社印刷／製本・愛千製本所
© Ishiyaku Publishers, Inc., 2022. Printed in Japan